AutoCAD 上机实训

刘 佳　　编 著
谢 泳 李 勇 主 审

西北工业大学出版社

【内容简介】 本书以培养学生实际绘图能力,满足岗位需要为核心,紧密切合卓越工程师的培养目标编写而成。全书共分 7 章,包括建立样板文件、绘制平面图形、绘制三视图、绘制等轴测图、绘制零件图、绘制建筑平面图和绘制建筑立面图等。第二至七章后面附有练习题,附录中的常见问题解答包含了绘图中很多实用但易被忽视的问题,以供读者学习参考。

本书可作为高等学校 AutoCAD 实训课程的教学用书,也可供函授大学、电视大学、职工大学等以实际技能培训为目的的有关专业选用。

图书在版编目(CIP)数据

AutoCAD 上机实训/刘佳编著 . —西安:西北工业大学出版社,2014.9
ISBN 978 - 7 - 5612 - 4081 - 6

Ⅰ.①A…　Ⅱ.①刘…　Ⅲ.①AutoCAD 软件　Ⅳ.①TP391.72

中国版本图书馆 CIP 数据核字(2014)第 188367 号

出版发行 : 西北工业大学出版社	
通信地址 : 西安市友谊西路 127 号　邮编:710072	
电　　话 : (029)88493844　88491757	
网　　址 : www. nwpup. com	
印 刷 者 : 陕西宝石兰印务有限责任公司	
开　　本 : 787 mm×1 092 mm　　1/16	
印　　张 : 9.25	
字　　数 : 222 千字	
版　　次 : 2014 年 9 月第 1 版　　2014 年 9 月第 1 次印刷	
定　　价 : 20.00 元	

前　言

　　教育部部长袁贵仁在一次会议上提出"以社会需求为导向,推动新一轮高等教育改革。"因此,以社会需求为导向,更新课程设置,深化课程内容改革,才能保证高等教育的教学质量和人才培养质量。

　　在当前高校 AutoCAD 上机课时不断压缩的情况下,如何让学生尽快进入高效的学习状态是笔者一直思考的问题。为什么学生在玩游戏时无师自通,而且乐此不疲?一方面是兴趣使然,另一方面就在于探索和实践让他们更快地掌握了实用技巧,从而获得过关斩将后内心激发出的成就感。那么,我们的教材能不能也给学生一个探索的空间,让他们为自己的作品而自豪呢?以往的教材大多罗列了太多的理论知识,等学到后面的实例,学生已经疲劳了,学习兴趣和学习效率自然上不去,学生的掌握程度也就可想而知。本教材力求帮助学生找到探索未知的乐趣和成就感。一章就是一个任务,完成一章的学习就是完成了一个作品,一次两个课时的上机时间刚好可以完成一章实例练习,下一次的上机就可以让学生完成课后的某个图,并相互打分,一论高低。本教材的章节安排也是从简单图形到复杂图形,循序渐进,学生学习起来也会感到轻松快乐。

　　本教材已通过讲义的方式供两届学生使用,学习效果非常好,学生反映学习起来轻松又有趣。于是就有了出版的念头,想让更多的学生享受快乐学习。本教材能够尽快出版,笔者的几位学生功不可没。他们是土木工程专业 1308 班李碧涵、艾科热木江·塞米,土木工程专业 1307 班冯海明,建筑与环境工程专业 1203 班余卓雷。他们都是朝气蓬勃、积极进取的好青年,做事踏实、认真,在本教材的内容整理、图形绘制方面做了大量工作。还有很多学生在使用讲义的过程中提出过很多建议,几经修改,也让这部教材更加适合学生上机实践。本教材是笔者和学生们共同的智慧结晶,深深的师生情谊也让笔者温暖于心。

　　李勇和谢泳两位教授对本教材进行了认真审阅,提出了宝贵的修改意见和建议,他们都是具有几十年教学经验的良师,感谢他们教给笔者严谨的学者作风、认真的做事态度。

　　本教材在章节安排上,以画图顺序为导向,首先从样板文件的建立开始,建立样板文件是绘图前的必备过程,设计小组成员的文件必须由统一的样板文件生成,以保证图纸的规范化。接下来的平面图形绘制是为了练习绘图、修改、标注等基本命令,熟悉各功能键的使用。三视图绘制是让学生真正懂得完成一张图纸应该先做什么,后做什么,如何有条理地完成图样绘制,解决以往学生听完课上机时依然不知所措的状况。第四章绘制轴测图可作为选学内容,对于少学时电类工程专业学生可以只学到第四章。对于机械类专业学生,还需要完成零件图的学习,对于建筑类专业学生还需完成建筑平面图和立面图的绘制学习。本教材只包含了二维图形的绘制,除了考虑 AutoCAD 上机课时少,没有时间学习三维绘图外,还考虑到在三维造型上，AutoCAD 远比不上 Solidworks，ProE 等软件。

亲爱的读者朋友们，这本教材是否能点燃你学习 AutoCAD 的热情呢？拿起它，开始令人心动的旅程吧！如果您发现教材中的错误或者有什么建议，请您发信至 liujia.168@163.com，热切期待您与我们分享这个旅途中的点点滴滴！

刘 佳

2014 年 6 月

目　录

第一章 建立样板文件

实 训 目 的

1. 熟悉软件界面。
2. 掌握绘图环境的设置,特别是图形界限和绘图单位、精度的设置。
3. 掌握图层的使用方法。
4. 掌握文字样式的设置。
5. 掌握标注样式的设置。
6. 掌握样板文件的保存和使用。

本 章 说 明

1. 斜体 5 号字均为命令行文字,并有灰色底纹,小括号内为说明文字,以后章节做相同处理。
2. 箭头(✓)表示点击键盘的回车或空格键,推荐使用空格键,以后章节做相同处理。
3. 通 过 在 功 能 栏 上 点 鼠 标 右 键, 点 击 " 使 用 图 标 ", 可 将 图 标 显 示

修改为中文显示 捕捉 栅格 正交 极轴 对象捕捉 对象追踪 DUCS DYN 线宽 QP 。

实 训 内 容

一、AutoCAD 2010 绘图界面

启动 AutoCAD 2010 后,显示如图 1-1 所示的 AutoCAD 2010 默认用户界面,默认工作空间为"二维草图与注释"(2010 以前版本空间文件所在位置不同)。

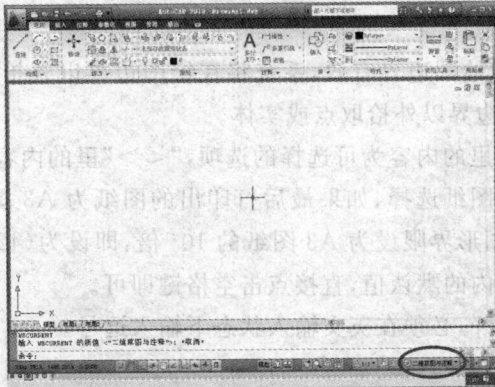

图 1-1 AutoCAD 2010 初始界面

单击右下角的 ⚙二维草图与注释▼ 选项,显示如图 1-2 所示的菜单,选择"AutoCAD 经典"绘图界面,如图 1-3 所示。

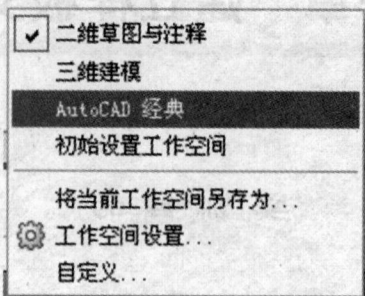

图 1-2 用户界面选择菜单

图 1-3 "AutoCAD 经典"绘图界面

二、绘图环境的设置

1.图形界限的设置

绘图之前,首先要对绘图单位和图形界限进行设置。

默认状态下,系统对绘图范围没有限制,但是为了规范绘图的区域,用户在绘图前通常需要设置图纸的有效范围,即设置图形界限,其操作方法:

下拉菜单:格式→图形界限。

命令行提示:

命令:limits

重新设置模型空间界限

指定左下角点或[开(ON)/关(OFF)]<0.0000,0.0000>:✓ (如果尖括号内与显示不同,输入 0,0 再按回车或空格键)

指定右上角点<420.0000,297.0000>✓ (设为 A3 图纸大小)

命令注释:

1)如果选择 ON,表示绘图边界有效,系统将在绘图边界以外拾取的点视为无效;如果选择 OFF,表示可以在绘图边界以外拾取点或实体。

2)命令提示行中"[]"里的内容为可选择的选项,"<>"里的内容为默认选项。

3)图纸大小根据所绘图纸选择,如果最后打印出的图纸为 A3 图纸,绘制建筑总平面图,以及平、立、剖面图时,将图形界限设为 A3 图纸的 10^n 倍,即设为(420000,297000)或(42000,29700)等。若选择尖括号内的默认值,直接点击空格键即可。

4)坐标之间用逗号隔开,必须在英文输入状态下输入逗号。

绘图技巧：①要取消一条命令的输入，可按键盘上的"Esc"键。

②"回车"键和"空格"键都可用于结束命令执行过程，推荐使用空格键。

动态输入角点坐标：打开状态栏的动态输入（DYN），鼠标旁边会出现动态输入框，键盘输入 x 坐标值后，按逗号","键，接着输入纵坐标值。默认情况下，动态输入第一点为绝对坐标输入，第二点以及后面的点为相对坐标输入，此时不必输入"@"。

2.显示图形界限

在命令提示行中输入"Z"（ZOOM 命令），此时命令行提示：

命令：z　　　　　　　（大写或小写均可）

指定窗口的角点，输入比例因子（nX 或 nXP），或者

[全部（A）/中心（C）/动态（D）/范围（E）/上一个（P）/比例（S）/窗口（W）/对象（O）]＜实时＞：a✓　　　（此时图形界限全部显示在屏幕上）

3.绘图单位和精度的设置

下拉菜单：格式→单位。弹出"图形单位"对话框，系统的默认设置单位是毫米，通常选用默认设置，根据所绘图纸精度设置精度值，如图 1-4 所示。

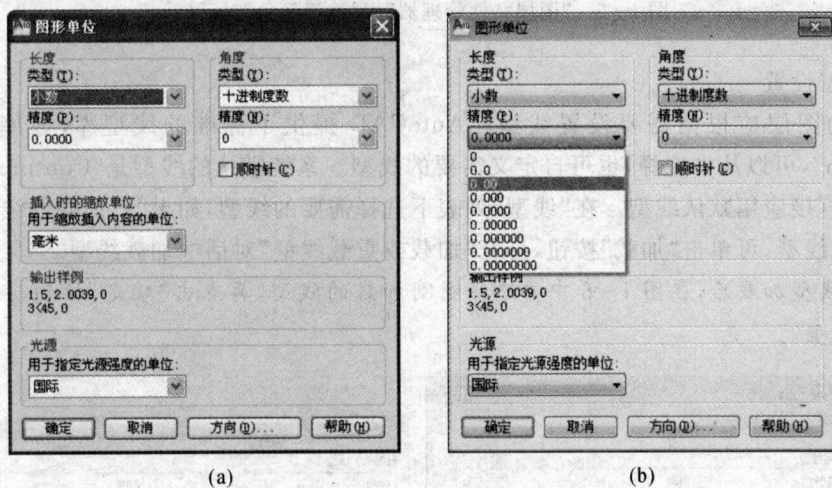

(a)　　　　　　　　　　(b)

图 1-4　"图形单位"对话框

三、图层的设置

AutoCAD 中的图层如同手工绘图中使用的重叠透明图纸，可以使用图层来组织不同类型的信息。通过创建新的图层，将不同类型的对象放在各自的图层中，可以快速有效地控制对象的显示以及对其进行更改，将类型相似的对象指定给同一个图层使其关联，设定它们的通用特性。这样，绘图时就不需要分别设置对象的颜色、线型和线宽了。

1.建立实线图层

下拉菜单：格式→层或单击工具条中的 按钮，弹出"图层特性管理器"对话框，如图 1-5(a)所示。

(1)新建图层

单击 按钮，列表中将显示新建的图层，直接输入"粗实线"作为新图层名。

（2）颜色设置

图层的颜色是指该图层上图线的颜色。为了区分不同图层上的图线，增加不同图层对象的对比性，不同图层设置不同的颜色。在新建图层时，新图层会继承上一个图层的颜色。

单击"颜色"列表下的颜色特性图标 ■ 白，弹出"选择颜色"对话框，如图 1-5(b) 所示。选择"黑色"为该图层的颜色，单击"确定"按钮。

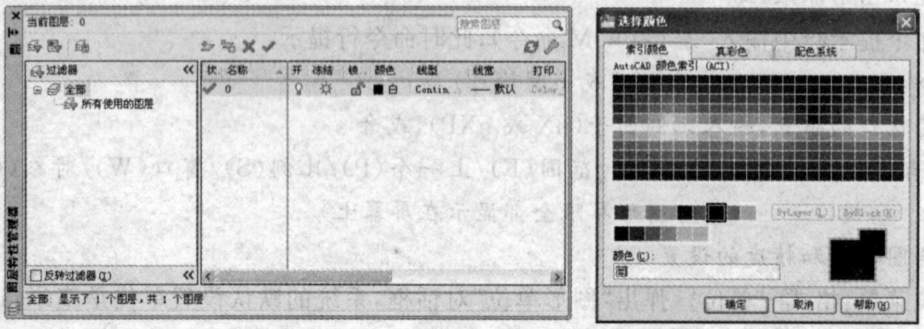

(a)   (b)

图 1-5 "图层特性管理器"中"选择颜色"对话框

（3）线型设置

不同的图层应根据需要设置线型。AutoCAD 提供了标准的线型库，该库的文件为"acadiso.lin"，可以从中选择，也可自定义需要的线型。系统默认的线型是"Continuous"，即实线，该图层直接应用默认线型。在"线型"列表下选择需要的线型，如果"已加载的线型"列表中没有需要的线型，可单击"加载"按钮，打开"加载或重载线型"对话框加载线型。

注意：线型加载后，在图 1-6 中要选择刚刚加载的线型，再点击"确定"按钮，图层才会改变为新的线型。

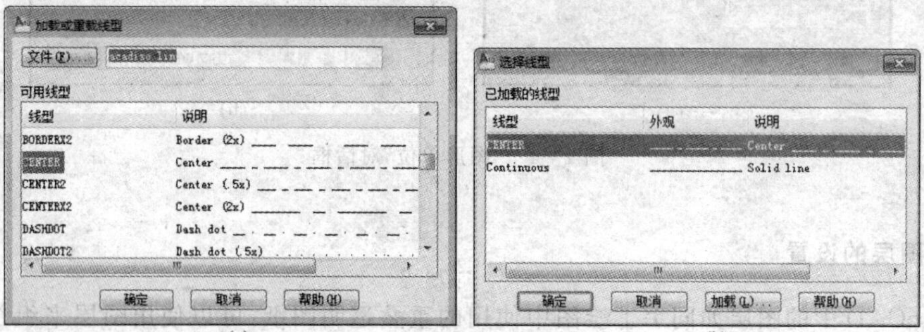

(a)   (b)

图 1-6 线型设置

（4）线宽设置

单击"线宽"列表下的线宽特性图标 —— 默认 ，弹出如图 1-7 所示的对话框，选择0.5mm的线宽，单击"确定"按钮，结束选择。

2.建立虚线图层

（1）新建图层

单击 按钮,列表中将显示新建的图层,输入"虚线"作为新图层名。

(2)颜色设置

选择"绿色"为该图层的颜色。选择不同颜色来区分不同的图层,有利于后期基于图层对图形的批量修改。

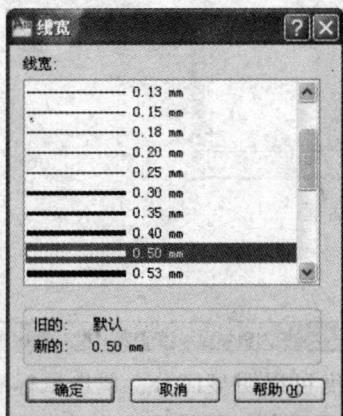

图1-7　"选择线宽"对话框

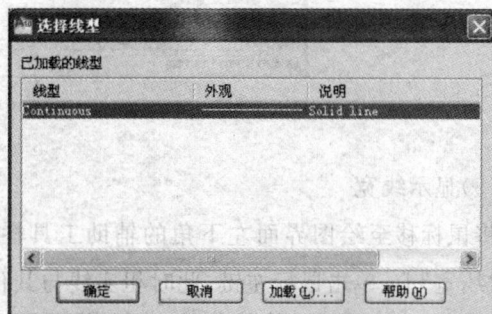

图1-8　"选择线型"对话框

(3)线型设置

该图层为虚线,需要重新设置图层的线型。其具体操作步骤如下:

1)单击"线型"列表下的线型特征图标 Contin... ,弹出"选择线型"对话框,默认状态下只有一种线型,如图1-8所示。

2)单击"加载"按钮,弹出"加载或重载线型"对话框,在"可用线型"列表框中选择所需线型"DASHED",如图1-9所示。

3)单击"确定"按钮,返回"选择线型"对话框,再次选择已加载的该线型,单击"确定"按钮,完成线型设置,如图1-10所示。

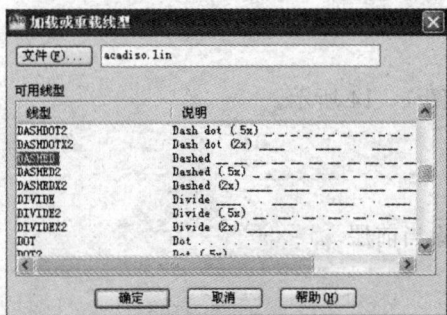

图1-9　"加载或重载线型"对话框

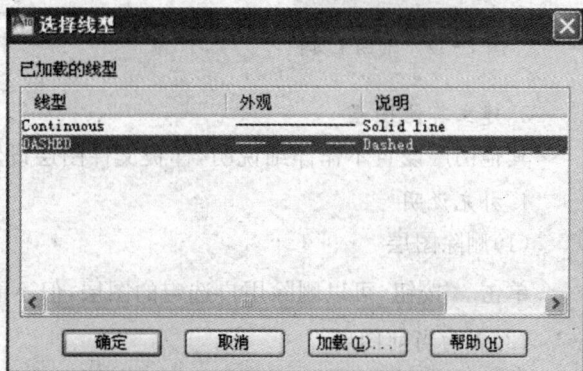

图1-10　"选择线型"对话框

(4)线宽设置

粗实线设为0.5mm,其他图线的宽度都设为0.25mm,此时图层设置对话框如图1-11所示。

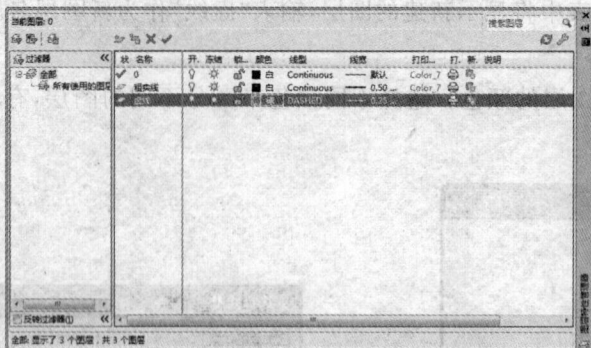

图 1-11　"图层特性管理器"对话框

（5）显示线宽

将鼠标移至绘图界面左下角的辅助工具栏 捕捉 栅格 正交 极轴 对象捕捉 对象追踪 DUCS DYN 线宽 QP 中的"线宽"上，单击鼠标左键，此时粗实线与其他图线的宽度可以明显区分。单击鼠标右键，弹出如图 1-12 所示的快捷菜单，选择"设置"选项可以对显示比例进行设置。此时弹出"线宽设置"对话框，通过调节滑块位置，可以改变图线的显示宽度，也可改变默认线宽，如图 1-13 所示。

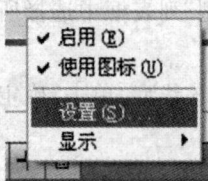

图 1-12　辅助工具栏

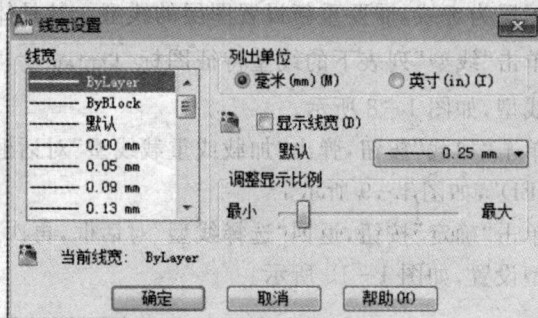

图 1-13　"线宽设置"对话框

3.建立其他图层

其他图层设置不作详细说明，样板文件图层设置如图 1-14 所示。

4.补充说明

（1）删除图层

单击 ✖ 按钮，可以删除用户选定的图层，但不能删除当前层。

（2）置为当前图层

单击 ✔ 按钮，可将选定图层设置为当前图层，用户创建的对象被放置在当前图层上。

（3）图层状态的控制

图层控制包括：开关、冻结和锁定。

1）当图层被关闭时，该图层的图形不显示，但可以被编辑。

2）当图层被冻结时，该图层的图形不显示，也不能被编辑。

3)当图层被锁定时,该图层的图形可以显示,但不可以被编辑。

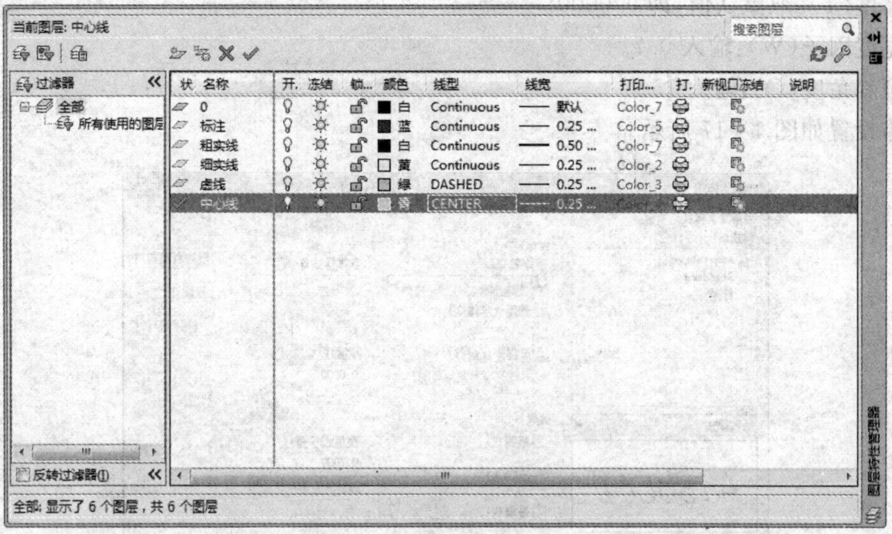

图 1-14　图层设置完成

四、文字样式的设置

工程图样中,除了绘制图形,还需要文字注释,主要用于书写汉字、字母、数字和标注尺寸。

下拉菜单:格式→文字样式或单击工具条中的 $\boxed{A}$ 按钮,弹出"文字样式"对话框,如图 1-15所示。

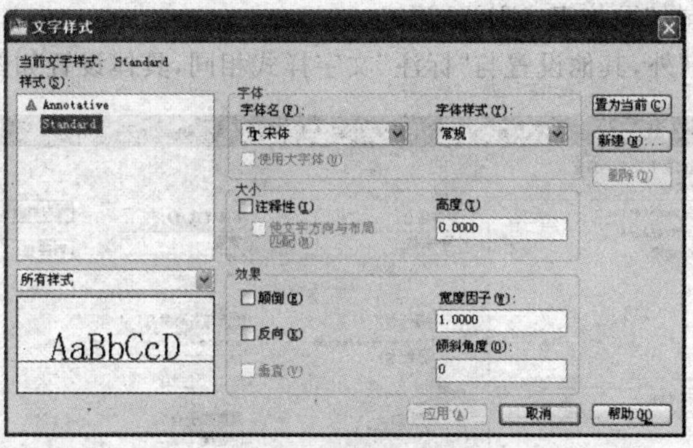

图 1-15　"文字样式"对话框

1.设置标注文字样式

1)单击"新建"按钮,弹出"新建文字样式"对话框",如图 1-16 所示,输入"标注"为新样式名称,单击"确定"按钮后,对"标注"文字样式进行设置。

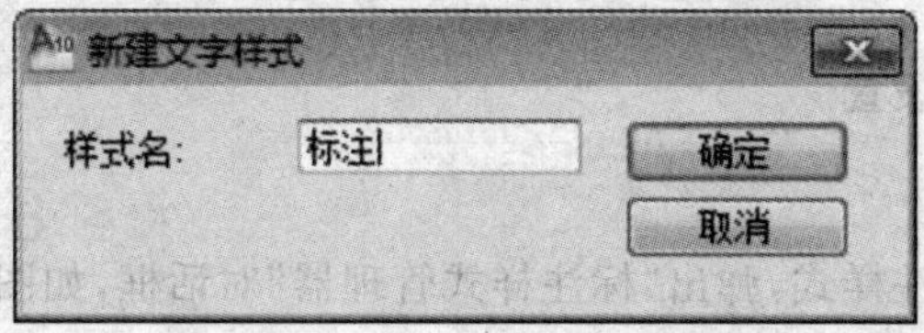

图 1-16　"新建文字样式"对话框

2)字体名(F):txt.shx。

3)高度(T):取默认值,即 0.0000。

4)宽度因子(W):输入 0.7。

5)倾斜角度(O):输入 15。

具体设置如图 1-17 所示。

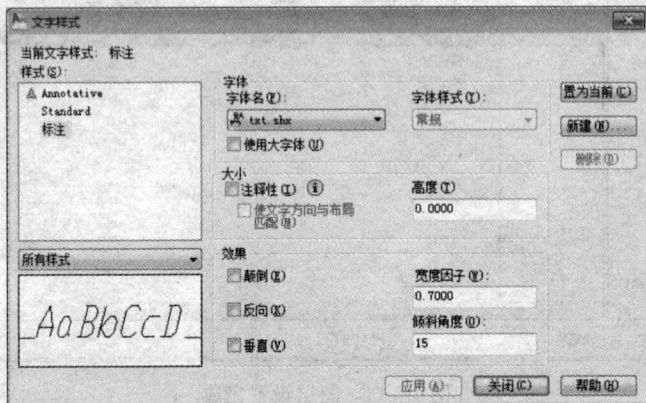

图 1-17　设置"标注"文字样式

6)单击"应用"按钮,保存新设置的文字样式。

2.设置汉字文字样式

1)单击"新建"按钮,弹出"新建文字样式"对话框,输入"仿宋"为新样式名称,单击"确定"按钮后,对"仿宋"文字样式进行设置。

2)字体名(F):选择"T 仿宋_GB2312"。

除倾斜角度为"0"外,其他设置与"标注"文字样式相同,具体设置如图 1-18 所示。

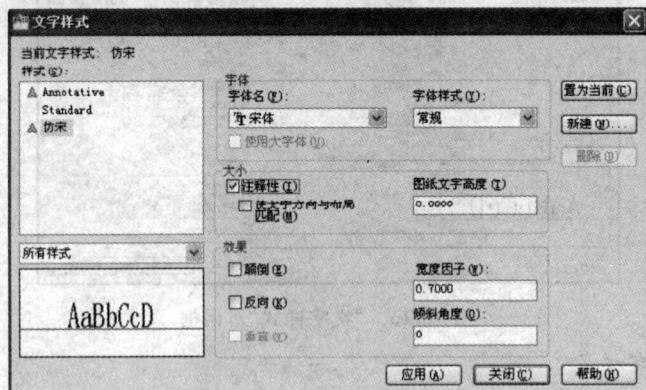

图 1-18　设置"仿宋"文字样式

3)单击"应用"按钮,保存新设置的文字样式,单击"关闭"按钮,完成文字样式设置。

五、尺寸标注样式的设置

1.修改标注样式

下拉菜单:标注→标注样式,弹出"标注样式管理器"对话框,如图 1-19 所示。

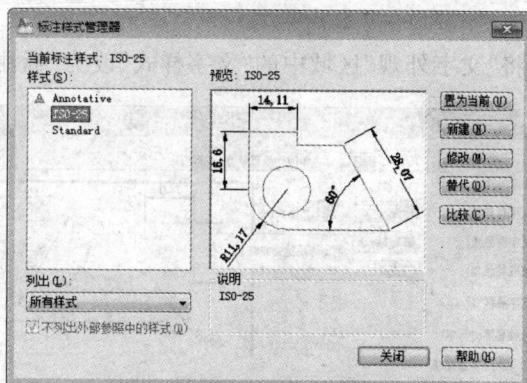

图 1-19 "标注样式管理器"对话框

当前标注样式为"ISO-25"。单击"修改",弹出"修改标注样式"对话框,如图 1-20 所示。

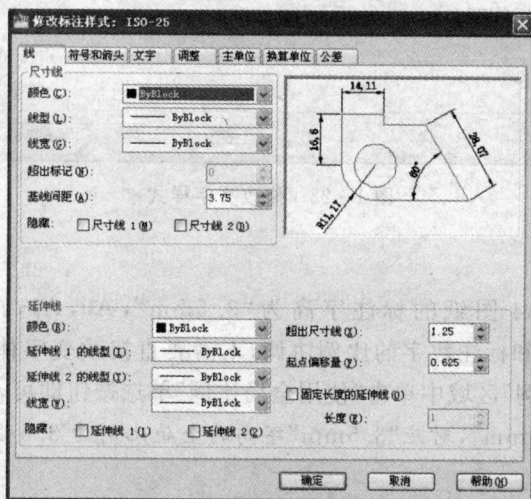

图 1-20 "修改标注样式"对话框

(1)修改基线间距

单击"线"选项卡,将"尺寸线"区域中的"基线间距"改为"7",如图 1-21 所示。

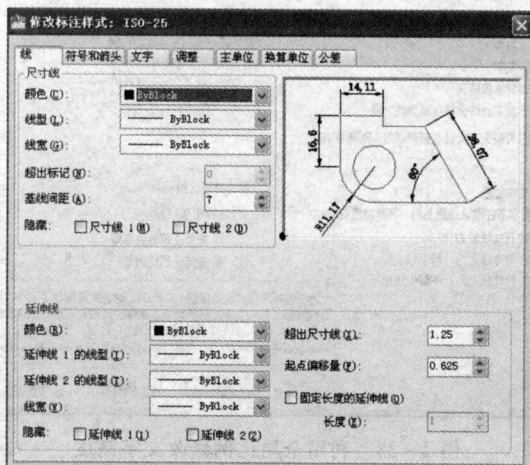

图 1-21 修改基线间距

（2）修改文字样式

单击"文字"选项卡，将"文字外观"区域中的"文字样式"改为"标注"，如图 1-22 所示。

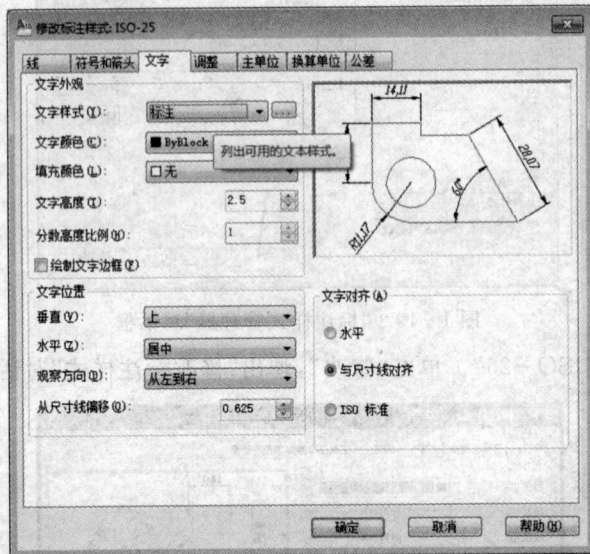

图 1-22　修改文字样式

（3）修改文字高度

一般情况下，A3，A4 图纸的标注字高为"3.5mm"，A0，A1，A2 图纸的标注字高为"5mm"。为了保证箭头和标注数字的比例协调，不需要直接改变字体高度，只需单击"调整"选项卡，在"标注特征比例"区域中单击"使用全局比例"单选按钮即可，如图 1-23 所示。

注：默认字高为"2.5mm"，对应"3.5mm"字高的全局比例为 3.5/2.5，即为"1.4"，"5mm"字高的全局比例为"2"。

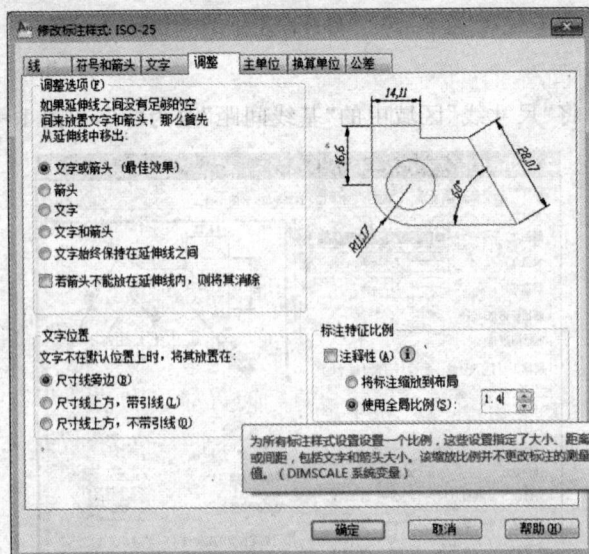

图 1-23　利用全局比例修改文字高度

（4）修改精度和小数分隔符

单击"主单位"选项卡，将"线性标注"区域中的"精度"改为与所绘图纸一致；将"小数分隔符"选择为"句点"，如图1－24所示。

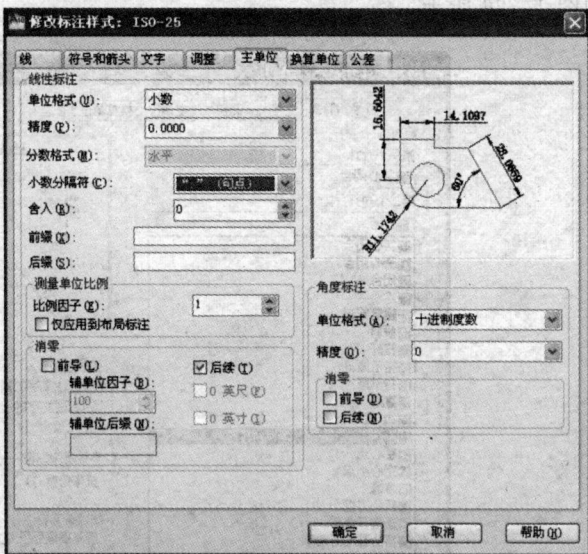

图1－24 修改主单位

（5）修改公差尺寸位置

单击"公差"选项卡，将"公差格式"区域中的"垂直位置"选择为"中"，如图1－25所示。
单击"确定"按钮，回到"标注样式管理器"对话框，单击"关闭"按钮，结束修改。

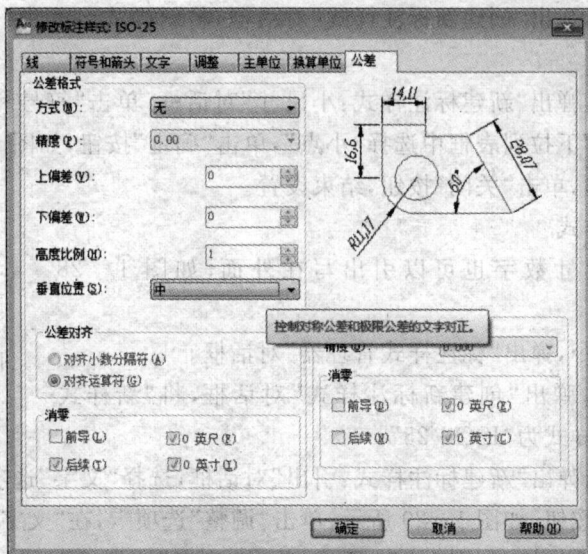

图1－25 修改公差

2.其他个性标注样式

(1)"小尺寸"标注样式

当尺寸界线之间没有足够的位置画箭头及书写数字时,对于连续小尺寸标注,可以用小点来代替中间的箭头,如图1-26所示。

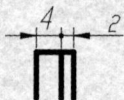

图1-26 小尺寸标注样例　　　　　图1-27 新建小尺寸标注样式

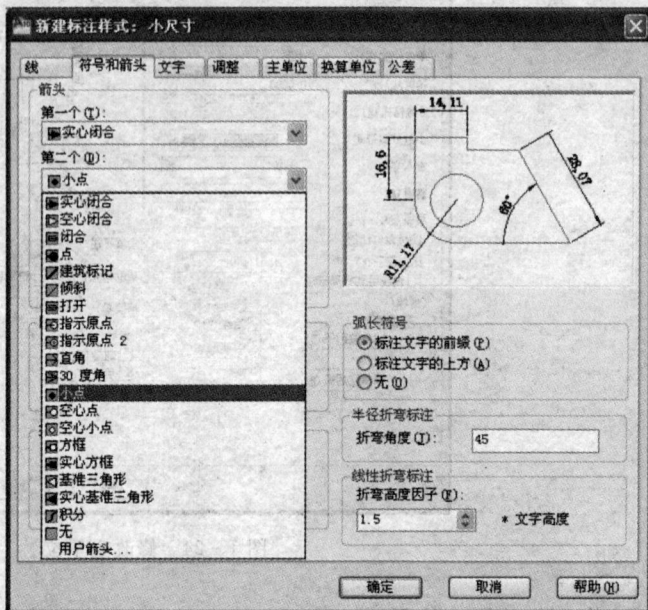

应用标注样式命令,弹出"标注样式管理器"对话框。

单击"新建"按钮,弹出"创建新标注样式"对话框,将新样式名改为"小尺寸",基础样式为"ISO-25"。

单击"继续"按钮,弹出"新建标注样式:小尺寸"对话框,单击"符号和箭头"选项卡,在"箭头"区域中的"第二个"下拉列表框中选择"小点",单击"确定"按钮,如图1-27所示。返回"标注样式管理器"对话框,单击"关闭"按钮,结束设置。

(2)"引出"标注样式

小尺寸标注的尺寸数字也可以引出写在外面,如图1-28所示。

应用标注样式命令,弹出"标注样式管理器"对话框。

单击"新建"按钮,弹出"创建新标注样式"对话框,将"新样式名"改为"引出",基础样式为"ISO-25"。

图1-28 引出标注

单击"继续"按钮,弹出"新建标注样式:引出"对话框,选择"文字"选项卡,在"文字对齐"区域中单击"水平"单选按钮,如图1-29所示;单击"调整"选项卡,在"文字位置"区域中单击"尺寸线上方,带引线"单选按钮,如图1-30所示,单击"确定"按钮,回到"标注样式管理器"对话框,单击"关闭"按钮,结束设置。

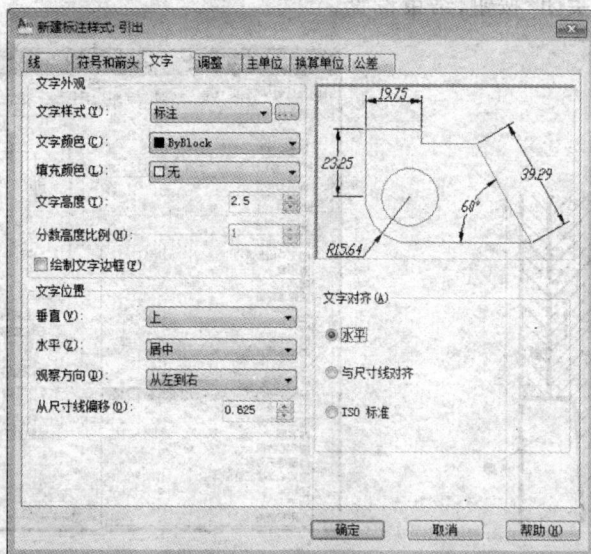

图 1-29　"文字"选项卡

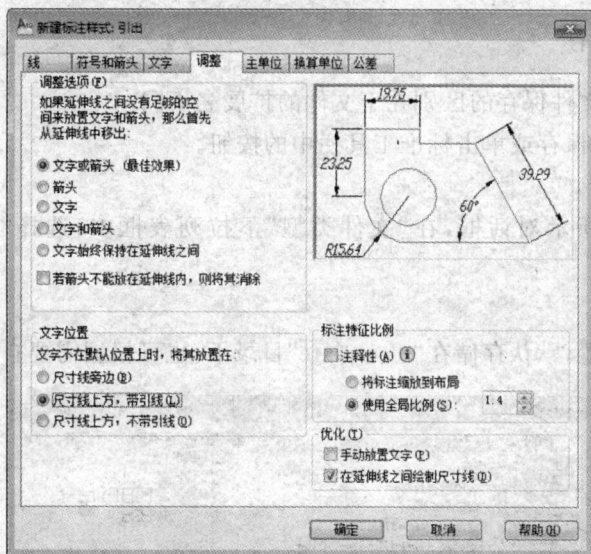

图 1-30　"调整"选项卡

(3)"序号"标注样式

装配图中的序号由横线、指引线、圆点和序号组成,指引线由零件的可见轮廓线内引出,并在末端画一圆点,如图 1-31 所示,所以在编写序号时,需要新建标注样式。

应用"标注样式"命令,弹出"标注样式管理器"对话框。

单击"新建"按钮,弹出"创建新标注样式"对话框,将"新样式名"改为"序号",基础样式为"ISO-25"。

单击"继续"按钮,弹出"新建标注样式:序号"对话框,选择"序号和箭头"选项卡,在"箭头"区域中的"引线"下拉列表框中选择"小点",如图 1-32 所示,单击"确定"按钮,返回"标注样式管理器"对话框,单击"关闭"按钮,结束设置。

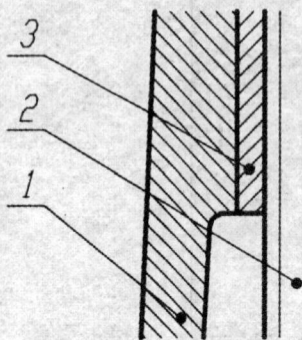

图 1-31　序号编号

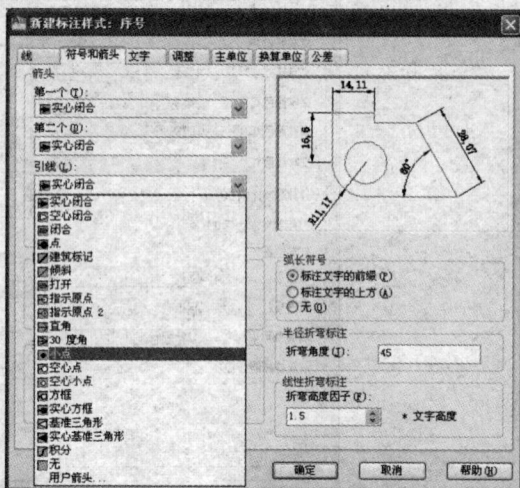

图 1-32　新建序号标注样式

设置包括大部分特殊标注样式,一张图纸可以创建多种标注样式,满足图纸标注要求。

六、样板文件的保存

样板文件和图形文件保存的区别在于文件的扩展名不同。

下拉菜单:文件→保存或单击标准工具栏中的按钮。

(1)确定文件类型

弹出如图 1-33 所示对话框,在"文件类型"下拉列表框中,选择"AutoCAD 图形样板(＊.dwt)"。

(2)选择路径

选择文件存储位置,默认存储在"Template"目录下,也可根据需要自定,如图 1-33 所示。

图 1-33　样板文件保存对话框

(3)输入文件名

输入文件名称"A3 样板",单击"保存"按钮,样板文件保存结束。在"新建"文件时,可选择从样板文件新建。

功能键的常用快捷键：

打开\关闭栅格	F7
打开\关闭正交	F8
打开\关闭对象捕捉	F3
打开\关闭对象捕捉＋对象追踪	F11
打开\关闭对象捕捉＋极轴	F10
打开\关闭 DYN（动态输入）	F12
打开\关闭命令行	Ctrl＋9

第二章 绘制平面图形

实 训 目 的

1. 掌握"绘图"和"修改"菜单中基本命令的使用。
2. 掌握绝对坐标和相对坐标的使用方法。
3. 掌握图形标注的方法。
4. 掌握图形的绘图流程。

本 章 说 明

1. 依照第一章内容,建立自己的文字样式和标注样式。
2. 将功能键"DUCS"和"DYN"关闭。
3. 在"模型"模式下绘图,如图 2-1 所示。

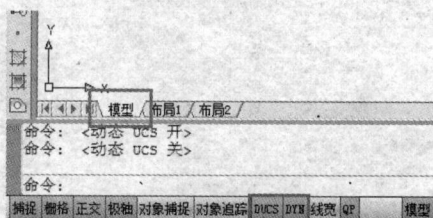

图 2-1 界面设置

预 备 知 识

一、坐标

AutoCAD 的坐标系有两种:一种是直角坐标,一种是极坐标。

直角坐标是以点在 X,Y,Z 轴上的坐标值来表示点的坐标位置,沿 X 轴向右以及沿 Y 轴向上为正方向。

极坐标是以点到点的距离和两点连线与 X 轴夹角表示点的坐标位置。默认的角度规定:沿 X 轴正方向为 0°,逆时针为正角度,顺时针为负角度。

点的输入方式有两种:一种是绝对坐标,一种是相对坐标。

绝对直角坐标输入:输入点相对于原点的直角坐标(x,y)时使用,如图 2-1(a)所示。当命令行提示输入点时,输入"30,20"。

绝对极坐标输入:当已知输入点相对于原点的距离和直线与 X 轴正方向的夹角时使用,

如图 2-2(b)所示。当命令行提示输入点时,输入"50<30"。

相对直角坐标输入:输入点相对于前一点,X 轴方向距离和 Y 轴方向距离已知时使用,如图 2-2(c)所示。B 点相对于 A 点 X 方向为正的 30,Y 方向为正的 20,当命令行提示输入点时,输入"@30,20"。

相对极坐标输入:输入点相对于前一点距离和两点连线与 X 轴正方向夹角已知时使用,如图 2-2(d)所示。B 点相对于 A 点,距离为 50,两点连线与 X 轴正方向夹角为正的 30°,当命令行提示输入点时,输入"@50<30"。

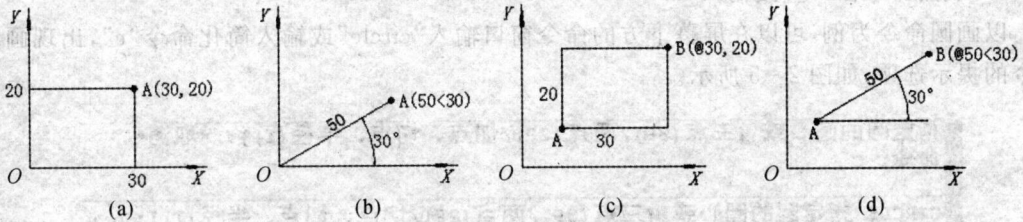

图 2-2　点的输入方式

(a)点的绝对直角坐标输入;　(b)点的绝对极坐标输入;　(c)点的相对直角坐标输入;　(d)点的相对极坐标输入

二、命令的执行

AutoCAD 提供了多种命令执行方式:利用下拉菜单、工具栏、命令窗口直接输入命令等。下面逐一进行介绍。

(1)利用下拉菜单

鼠标左键点击菜单,会出现一系列命令选项,如图 2-3 所示为"绘图"下拉菜单内容。有的命令选项还有子选项,例如"圆"命令下有 6 个子选项,表示有 6 种绘制圆的方式,必须根据已知条件选择画圆方式。

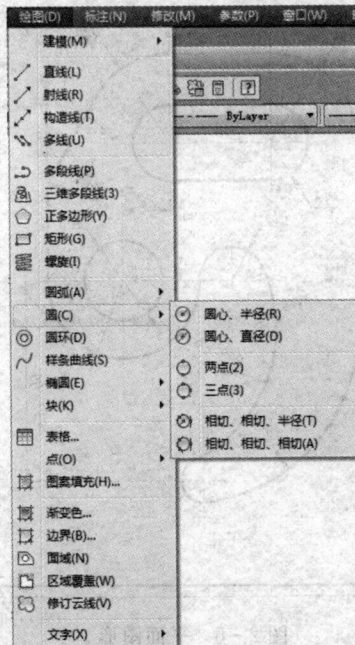

图 2-3　"绘图"下拉菜单

（2）利用工具栏

工具栏中每个小图标对应一个命令，鼠标左键单击图标执行相应的命令。例如，单击 ⊘，执行"圆"命令，命令行会给出提示，根据提示选择合适方式画圆，如图2-4所示。

图2-4 绘图工具栏

（3）利用命令窗口直接输入

以画圆命令为例，可以在屏幕下方的命令窗口输入"circle"或输入简化命令"c"，出现画圆命令的提示选项，如图2-5所示。

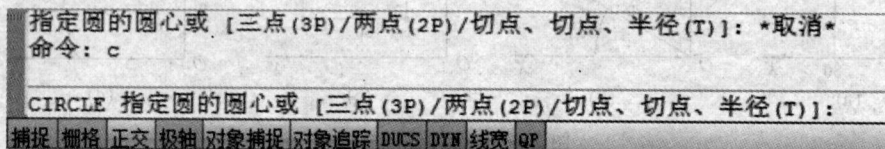

图2-5 命令行

实 训 内 容

建立A3图纸，加图纸边框（省略标题栏绘制），依据标注尺寸，绘制1：1的平面图形，如图2-6所示。

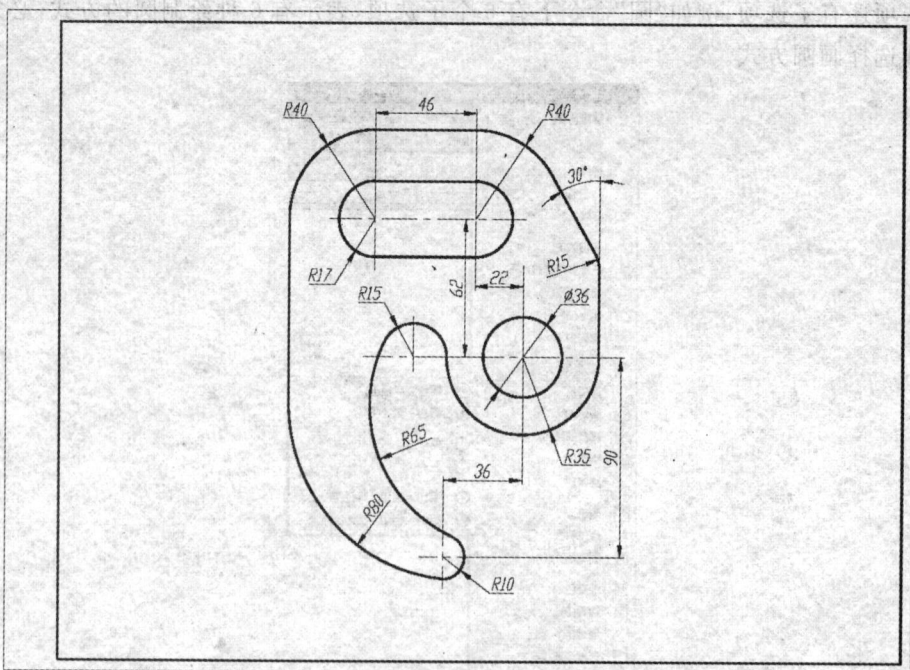

图2-6 平面图形

一、绘图流程

1)草图及环境设置。包括图形界限、精度、文字样式、尺寸标注样式及图层等的设置。这里主要是图形界限、精度以及图层的设置,文字样式的设置可以在设置标注样式之前再做,标注样式中要选择合适的文字样式,参阅第一章相关内容。

2)图形的绘制。先绘制尺寸基准线,对于本章图形就是先绘制中心线,然后利用AutoCAD 相关命令完成图形的绘制。

3)尺寸标注。可以在标注前设置标注样式,给图形标注出完整的尺寸。

4)保存图形。给定文件名,将绘制好的图形保存到指定目录下,以备后续查看。

二、绘图步骤

绘图前,打开辅助工具栏中的"正交""对象捕捉""对象追踪""线宽"选项,如图 2-7 所示。

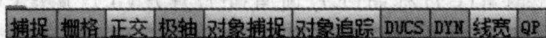

| 捕捉 | 栅格 | 正交 | 极轴 | 对象捕捉 | 对象追踪 | DUCS | DYN | 线宽 | QP |

图 2-7　辅助工具栏

1. 新建文件,设置绘图区域

选择菜单"格式"→"图形界限"命令,如图 2-8 所示。

图 2-8　图形界面

命令:'_limits

重新设置模型空间界限:

指定左下角点或 [开(ON)/关(OFF)] <0.000,0.000>:↙

指定右上角点 <420.000,297.000>:↙

命令:_rectang(单击"矩形"命令)

指定第一个角点或 [倒角(C)/标高(E)/圆角(F)/厚度(T)/宽度(W)]:0,0↙

指定另一个角点或 [面积(A)/尺寸(D)/旋转(R)]:420,297↙

提示:

1)在 0 层绘制图纸边框。

2)坐标值中间的逗号必须在英文输入状态下输入,如果在中文输入状态下会提示出错。

命令:z↙　　　　　　　　　　(命令行输入"z",大小写均可)

ZOOM

指定窗口的角点,输入比例因子(nX 或 nXP),或者

[全部(A)/中心(C)/动态(D)/范围(E)/上一个(P)/比例(S)/窗口(W)/对象(O)]＜实时＞:a↙

提示:

1)z 是"zoom"命令的缩写,功能是将绘制的矩形全部显示在屏幕上。

2)命令行输入的选项字母 a 可以大写,也可以小写。

命令:_rectang　　　　　(单击"矩形"命令)

指定第一个角点或[倒角(C)/标高(E)/圆角(F)/厚度(T)/宽度(W)]:25,5↙

指定另一个角点或[面积(A)/尺寸(D)/旋转(R)]:415,292↙

提示:图纸边框的左边为装订边。将内边框改为粗实线,鼠标左键选择内边框,在"特性工具栏"中选择 0.5 mm,如图 2-9 所示。

图 2-9　线型设置

2.设置图层

设置如图 2-10 所示的 3 个图层,选择"中心线"层为当前层。

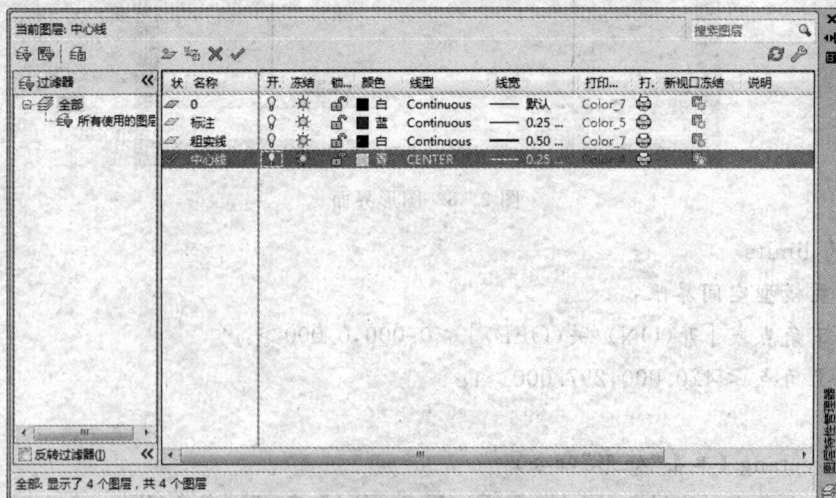

图 2-10　设置图层

3.绘制各定位中心线

1)单击"直线"命令,绘制直线 1。直线的第一点可以目测选择合适位置,如果画图过程中发现图形位置不合适,可以利用"移动"命令修改。

提示:用鼠标在适当位置点击确定直线的两个端点。

命令:_line 指定第一点: 　　　　　(重复"直线"命令,绘制直线6)

指定下一点或 [放弃(U)]:

指定下一点或 [放弃(U)]:

绘图技巧:1)重复执行上一个命令,可以直接按"空格"或"回车"键。

2)绘制直线是绘图中最常用的命令,快捷方式是直接在命令行输入"L"(大小写均可),按回车或空格键,执行画直线命令。

命令:_offset(单击"偏移"命令 ▣)

当前设置:删除源=否　图层=源　OFFSETGAPTYPE=0

指定偏移距离或 [通过(T)/删除(E)/图层(L)] <通过>: 46✓　　(直线1偏移46得直线4)

选择要偏移的对象,或 [退出(E)/放弃(U)] <退出>:(鼠标左键点击偏移对象即可)

指定要偏移的那一侧上的点,或 [退出(E)/多个(M)/放弃(U)] <退出>:(偏向侧任一点即可)

命令:

命令:_offset　(重复"偏移"命令)

当前设置:删除源=否　图层=源　OFFSETGAPTYPE=0

指定偏移距离或 [通过(T)/删除(E)/图层(L)] <46.0000>: 22✓　　(直线4偏移22得直线5)

选择要偏移的对象,或 [退出(E)/放弃(U)] <退出>:

指定要偏移的那一侧上的点,或 [退出(E)/多个(M)/放弃(U)] <退出>:

重复上述操作,直线5偏移距离36得直线3,直线5偏移距离50得直线2,直线6偏移距离62得直线7,直线7偏移距离90得直线8,如图2-11所示。

2)进行中心线的修改,如图2-12所示。

关闭"对象捕捉",打开"正交",单击鼠标左键选择要修改的对象(中心线2,3,5),然后鼠标点击中心线一侧的端点进行夹持点编辑(拉伸)即可。

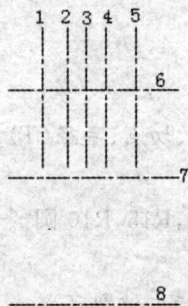

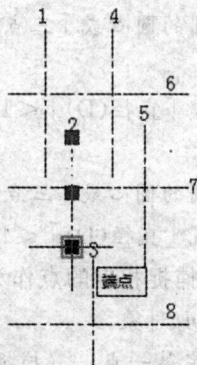

图2-11　画中心线　　　　　图2-12　修改中心线

绘图技巧：夹持点编辑的使用。打开"正交"，关闭"对象捕捉"，鼠标左键单击欲编辑直线，直线上出现三个蓝色点，两个端点，一个中点。单击端点，标识变为红色框，拉伸到合适位置，点击左键。同样方法将直线的另一端点拉伸到合适位置，按"Esc"键，夹持点编辑完成。

4.画出各已知圆、圆弧、直线

1)绘制出圆，如图 2-13 所示。

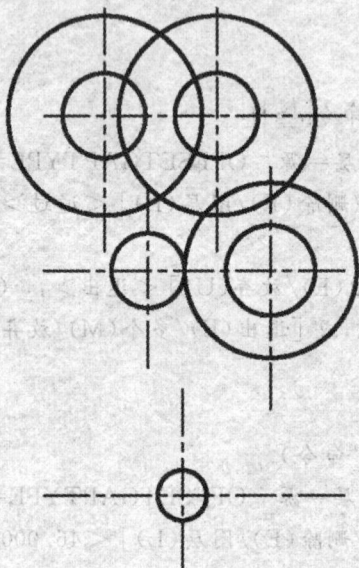

图 2-13　绘制圆

命令：_circle 指定圆的圆心或 [三点(3P)/两点(2P)/切点、切点、半径(T)]：(选择圆心)

指定圆的半径或 [直径(D)]：17✓

命令：✓

CIRCLE 指定圆的圆心或 [三点(3P)/两点(2P)/切点、切点、半径(T)]：

指定圆的半径或 [直径(D)] <17.0000>：✓

命令：

CIRCLE 指定圆的圆心或 [三点(3P)/两点(2P)/切点、切点、半径(T)]：　(重复绘制圆命令)

指定圆的半径或 [直径(D)] <10.0000>：40✓

命令：✓

CIRCLE 指定圆的圆心或 [三点(3P)/两点(2P)/切点、切点、半径(T)]：

指定圆的半径或 [直径(D)] <40.0000>：✓

重复上述操作，捕捉相应的点作为圆心，绘制 R18,R35,R15,R10 圆。

2)绘制直线，修剪对象。

命令：_line 指定第一点：　(捕捉相应的交点，单击鼠标左键即可)

指定下一点或 [放弃(U)]：

指定下一点或［放弃(U)］：↙

重复"直线"命令，绘制所有的直线。

绘图技巧：利用"正交"绘制水平和竖直直线：打开"正交"功能键（鼠标左键多次点击"正交"，可实现"开"和"关"之间交替状态），当命令行提示"指定下一点"时，可将鼠标拉至画线一边，直接输入线段长度即可。如图 2－14 所示，向右绘制了一条 50mm 长水平直线，向上绘制了一条 80mm 长竖直直线。

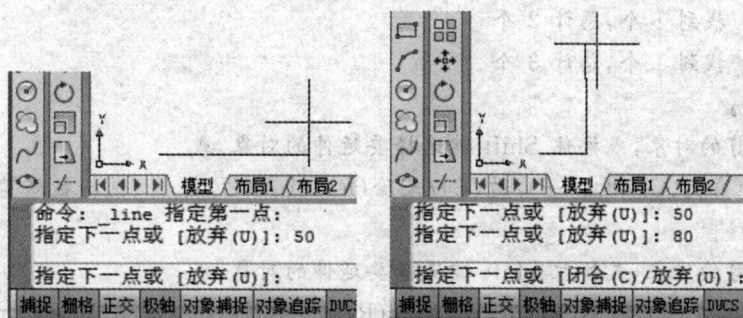

图 2－14　绘制直线

说明：斜线 9 的绘制。

打开"对象捕捉"工具条，方法是：鼠标放在任意工具条上，点鼠标右键，选择"对象捕捉"，即可打开"对象捕捉"工具条。在命令执行过程中，鼠标左键单击某一捕捉方式，可实现临时捕捉，如图 2－15 所示。

图 2-15　"对象捕捉"工具条

命令：_line 指定第一点：_tan 到（点击"捕捉到切点" ，捕捉圆上合适位置任意点，出现相切图标，点击鼠标左键。）

指定下一点或［放弃(U)］：@70＜－60（相对极坐标输入方式，70 为估计线长，后面还会修剪，因直线与竖直线夹角为 30°，则与 x 轴正方向夹角为－60°，输入点坐标"@70＜－60"。）

指定下一点或［放弃(U)］：↙

过程如图 2－16 所示。

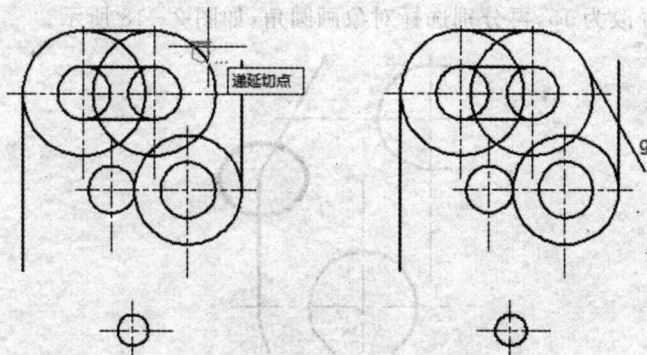

图 2-16 在　绘制与圆相切的直线

提示：绘制斜线 9 时，当提示指定第一点时，可直接输入"tan"后按"空格"键，鼠标放到圆上，出现相切图标，点击鼠标左键确定第一点。

多余对象要进行修剪，单击 ╱ (修剪命令)，然后根据命令行提示操作。

命令：_trim

当前设置：投影＝UCS，边＝无

选择剪切边...

选择对象或＜全部选择＞： 找到 1 个　　　　　（鼠标左键点击与被修剪对象相交的对象）

选择对象：找到 1 个，总计 2 个

选择对象：找到 1 个，总计 3 个

选择对象：↙

选择要修剪的对象，或按住 Shift 键选择要延伸的对象，或

[栏选(F)/窗交(C)/投影(P)/边(E)/删除(R)/放弃(U)]：　（选择被修剪对象上要修剪掉的多余部分）

选择要修剪的对象，或按住 Shift 键选择要延伸的对象，或

[栏选(F)/窗交(C)/投影(P)/边(E)/删除(R)/放弃(U)]：↙

重复上述操作，修剪多余的对象。

完成图形修剪，如图 2－17 所示。

绘图技巧：

1)"删除"命令 ✐ 的两种用法：①先点击"删除"命令，然后选择要删除的对象，最后直接回车即可。②先选择要删除的对象，然后点击键盘的"delete"键。

2)"修剪"命令的用法：①点击"修剪"命令，选择与被修剪对象相交的对象，回车后选择被修剪对象。②点击"修剪"命令，点鼠标右键，选择被修剪部分。③重复执行上一个命令，可以选择直接"空格"或"回车"。

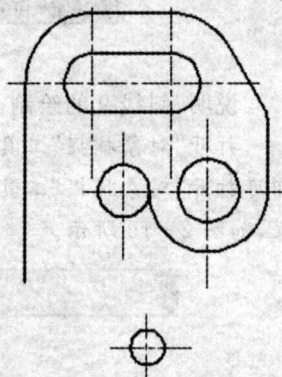

图 2－17　修剪后

5.画 R15 的圆角

利用"圆角"命令绘制两直线之间的连接圆弧。点击 ⌐ (圆角命令)，观察命令行提示的当前设置，模式为修剪，就是画圆角的同时会把两对象的多余部分修剪掉，半径值为 0，这时需要修改半径，将半径改为 15，再分别选择对象画圆角，如图 2－18 所示。

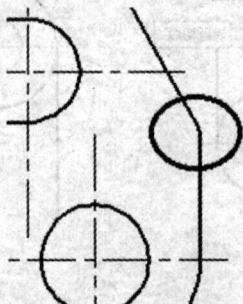

图 2－18　绘制圆角

命令：_fillet

当前设置：模式 ＝ 修剪，半径 ＝ 0.0000

选择第一个对象或 ［放弃(U)/多段线(P)/半径(R)/修剪(T)/多个(M)］：r✓

指定圆角半径 ＜0.0000＞：15✓

选择第一个对象或 ［放弃(U)/多段线(P)/半径(R)/修剪(T)/多个(M)］：（选择第一条直线）

选择第二个对象，或按住 Shift 键选择要应用角点的对象：　　　　（选择第二条直线）

6.绘制圆弧，修剪多余的对象

利用画"圆"命令的"T"选项，绘制 R65。

命令：_circle 指定圆的圆心或 ［三点(3P)/两点(2P)/切点、切点、半径(T)］：t

指定对象与圆的第一个切点：　　　　（在与 R65 圆相切的 R15 圆左上部位点击鼠标左键。）

指定对象与圆的第二个切点：　　　　（在与 R65 圆相切的 R10 圆右上部位点击鼠标左键。）

指定圆的半径：65

提示：命令提示"指定对象与圆的第二个切点"时，鼠标左键点击的是大概位置，而非真正的切点，但要使点击点尽量接近于实际切点，以便区分内切和外切。具体选择方式如图 2－19 (a)(b)(c)所示。

同样方法绘制 R80 圆，如图 2－19(d)所示。

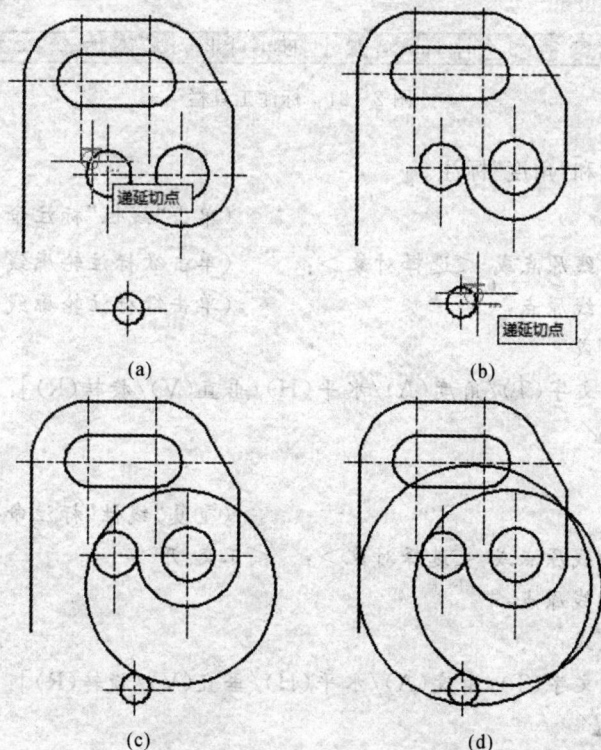

图 2－19　相切圆绘制

对图形进行修剪,结果如图 2-20 所示。

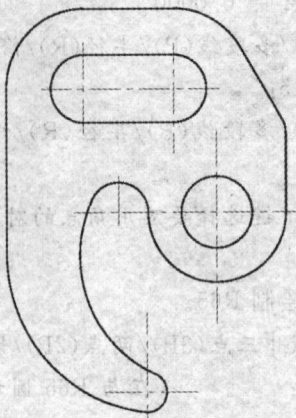

图 2-20　修剪后图形

绘图技巧:修剪图形较小处时,可以使用"窗口缩放"命令 ⊕ ,修剪完成后使用"缩放上一个" ⊕ ,回到原显示比例。

7. 图形标注

将第一章中设置的标注样式置为当前,或设置自己的标注样式。在菜单栏中单击"标注",选择你需要的工具,或打开"标注"工具栏,如图 2-21 所示。

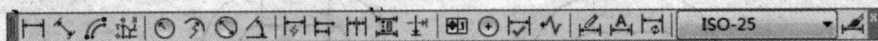

图 2-21　标注工具栏

进行"线性"标注和"角度"标注。

命令: _dimlinear　　　　　　　　　　　(单击"线性"标注命令 ⊢)
指定第一条延伸线原点或 <选择对象>:　　　(单击欲标注轮廓线的一个端点)
指定第二条延伸线原点:　　　　　　　　　(单击欲标注轮廓线的另一个端点)
指定尺寸线位置或
[多行文字(M)/文字(T)/角度(A)/水平(H)/垂直(V)/旋转(R)]:
标注文字 = 46✓

DIMLINEAR　　　　　　　　　　　(重复"线性"标注命令)
指定第一条延伸线原点或 <选择对象>: 　<正交 开>
指定第二条延伸线原点:
指定尺寸线位置或
[多行文字(M)/文字(T)/角度(A)/水平(H)/垂直(V)/旋转(R)]:
标注文字 = 62✓

重复上述操作,捕捉相应直线的端点,标注距离 90 和距离 22 的直线。结果如图 2-22

所示。

标注 30°角度。

命令：_dimangular　　　　　　　（单击"角度"标注命令 △ 。）

选择圆弧、圆、直线或＜指定顶点＞:（点击直线对象。）

选择第二条直线:

指定标注弧线位置或［多行文字(M)/文字(T)/角度(A)/象限点(Q)］:

标注文字 = 30↙

标注结果如图 2-22 所示。

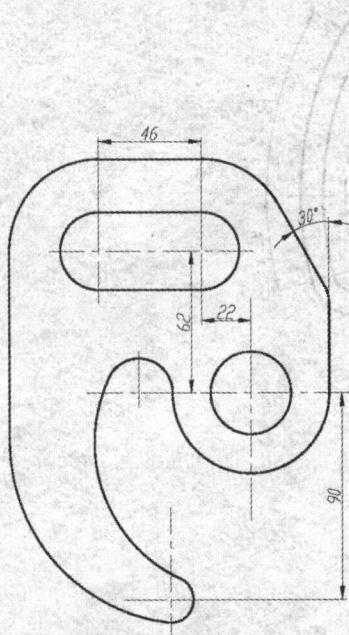

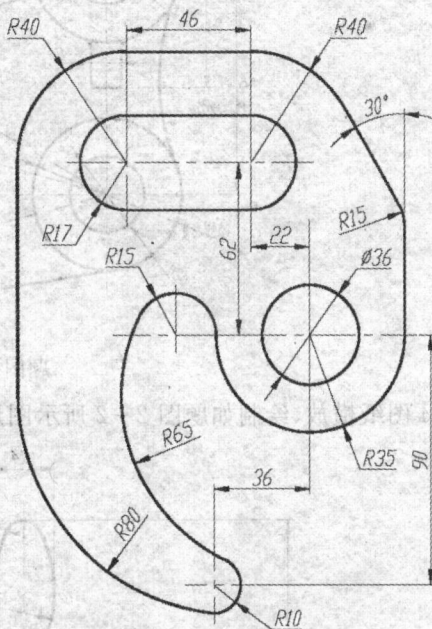

图 2-22　标注　　　　　　　　　　　图 2-23　完成标注

"半径"标注和"直径"标注。

命令：_dimradius　　　　　　　（单击"半径"标注命令 ◉）

选择圆弧或圆:　　　　　　　　（点击对象 R40 圆弧。）

标注文字 = 40↙

指定尺寸线位置或［多行文字(M)/文字(T)/角度(A)］:

重复"半径"标注命令，选择相应的圆弧或圆，标注 R17,R80,R65,R10,R15 的对象。

命令：_dimdiameter（单击"直径"标注命令 ◉）

选择圆弧或圆:

标注文字 = 36↙

指定尺寸线位置或［多行文字(M)/文字(T)/角度(A)］:↙

标注结果如图 2-23 所示。

8.保存图形

选择"文件"菜单中"保存"命令，输入文件名，选择保存图形的目录，保存图形。

练 习 题

.1. A4 图纸横放(297×210)，绘制如题图 2-1 所示的图形，比例 1:1，未注圆角为 R3。

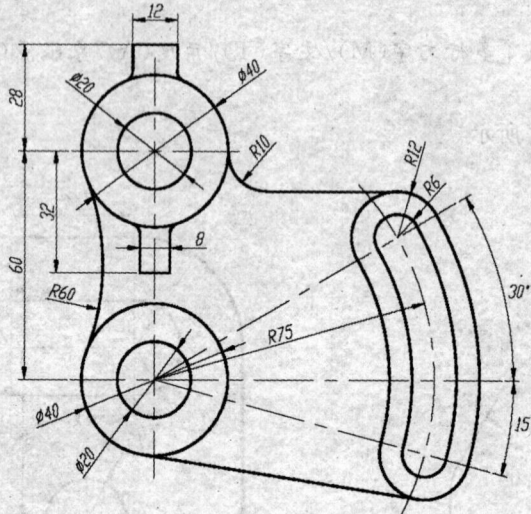

题图　2-1

2. A4 图纸横放，绘制如题图 2-2 所示图形，比例 1:1。

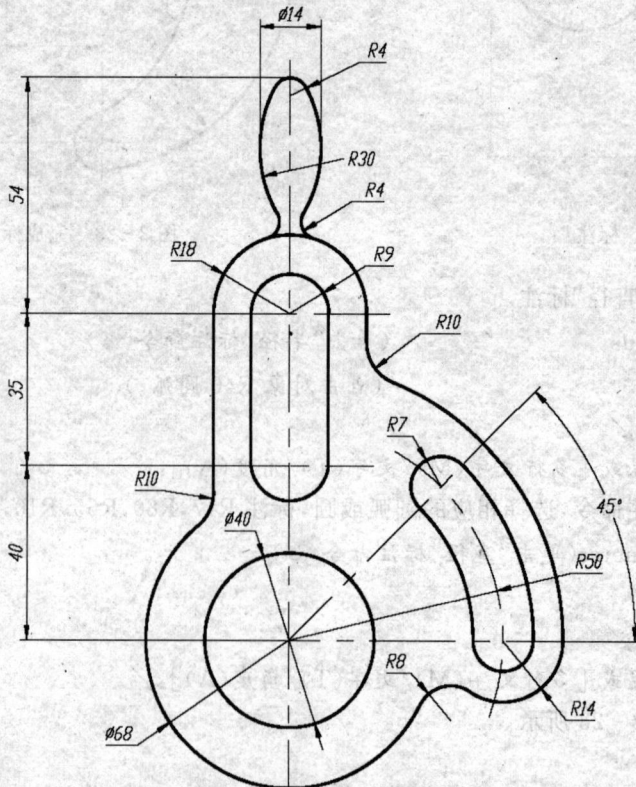

题图　2-2

3. A4 图纸横放,绘制如题图 2-3 所示图形,比例 1∶1。

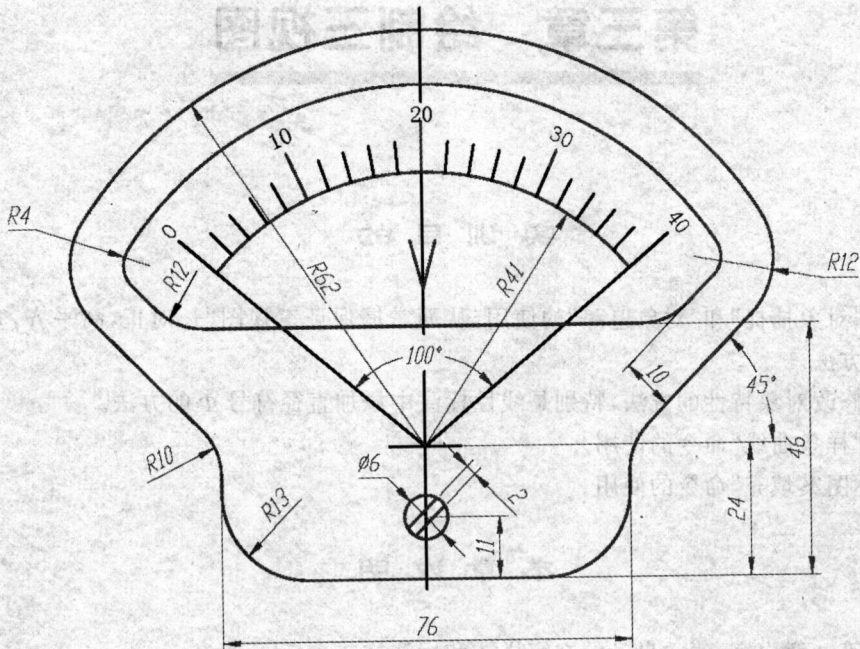

题图 2-3

第三章　绘制三视图

实 训 目 的

1.掌握"对象捕捉"和"对象追踪"的使用,从而掌握保证三视图"长对正,高平齐,宽相等"投影规律的方法。

2.掌握修改对象特性的方法,特别是线性标注中添加直径符号Φ的方法。

3.掌握"样条曲线"命令的使用。

4.掌握"图案填充"命令的使用。

本 章 说 明

1.依照第一章内容,建立自己的文字样式和标注样式。

2.功能键"DYN"表示动态输入。在需要输入点的坐标的命令下,比如"直线"命令,第一个输入点为绝对坐标,以后点的坐标自动为相对坐标形式,不再需要输入@符号。

预 备 知 识

一、"对象捕捉"和"对象追踪"的使用

为保证三视图的"长对正,高平齐,宽相等"的投影关系,绘图时需要同时打开"对象捕捉"和"对象追踪"两个功能开关,如图3-1所示。

图3-1　同时打开"对象捕捉"和"对象追踪"

例如,根据线段12位置,画出线段34,结果如图3-2(a)所示。其中,3点位置无要求,4点位置必须与2点水平对齐。

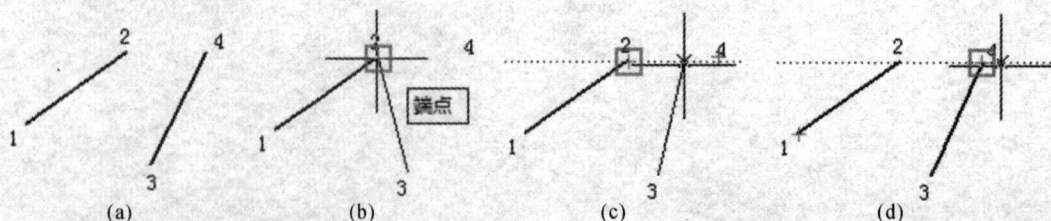

图3-2　"对象捕捉"和"对象追踪"的使用方法

步骤:鼠标点击3点,画出直线34的第一个端点;移动鼠标到2点,当出现端点捕捉的方框时,向右移动鼠标到4点,此时会出现一条水平虚线;在虚线上获取目标4点,完成绘制。

注意:使用"对象追踪"时必须同时打开"对象捕捉",否则无效。

二、修改"ISO-25"标注样式

将ISO-25标注样式中的文字改为"标注"样式。将文字大小改为3.5,箭头大小改为3.5,如图3-3所示。按照第一章的内容,建立名为"标注"的文字样式。或如第一章所讲(见图1-23),将"调整"选项卡中"标注特征比例"里的全局比例改为1.4。

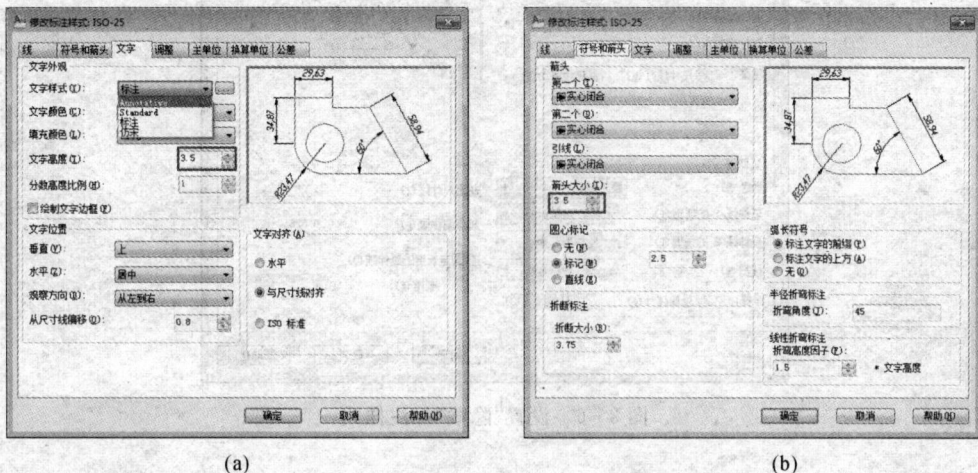

(a)　　　　　　　　　(b)

图3-3　"ISO-25"标注样式修改

三、建立"隐藏"标注样式

当对称机件的图形只画一半或略大于一半时,尺寸线应超出对称中心线或断裂出的边界线,此时,仅在尺寸线的一端画出箭头,如图3-4所示。可以通过设置隐藏尺寸界线和箭头。

点击菜单"标注"→"标注样式"命令,弹出"标注样式管理器"对话框。

单击"新建"按钮,弹出"创建新标注样式"对话框,将"新样式名"改为"隐藏",基础样式为"ISO-25",如图3-5所示。

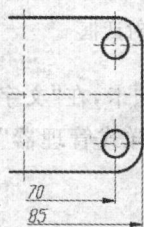

图3-4　隐藏标注样例　　　　图3-5　建立"隐藏"标注样式

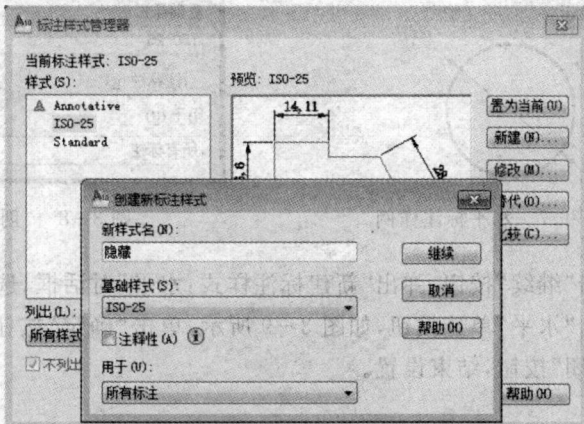

单击"继续"按钮,弹出"新建标注样式:隐藏"对话框,单击"线"选项卡,分别隐藏"尺寸线2"和"延伸线 2"(低版本为"尺寸界线 2"),单击"确定"按钮,如图 3－6 所示,返回"标注样式管理器"对话框,单击"关闭"按钮,结束设置。

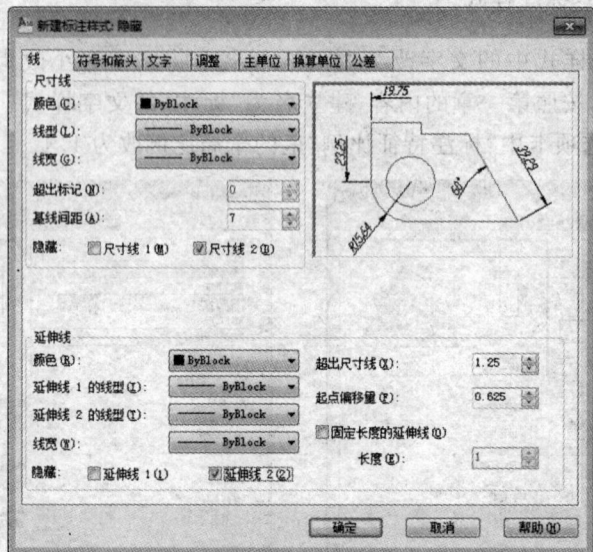

图 3－6　设置"隐藏"标注样式

四、建立"水平"标注样式

对于引出轮廓线的半径或直径标注,可以水平标注文本,如图 3－7 所示。应用标注样式命令,弹出"标注样式管理器"对话框。以 ISO－25 为基础样式,单击"新建"按钮,弹出"创建新标注样式"对话框,将"新样式名"改为"水平",如图 3－8 所示。

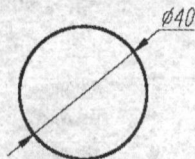

图 3－7　水平标注样例

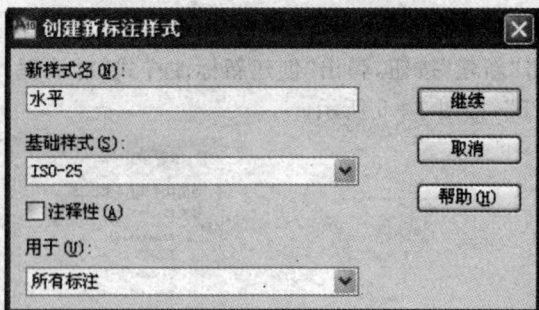

图 3－8　"创建新标注样式"对话框

单击"继续"按钮,弹出"新建标注样式:水平"对话框,选择"文字"选项卡,在"文字对齐"区域中单击"水平"单选按钮,如图 3－9 所示,单击"确定"按钮,返回"标注样式管理器"对话框,单击"关闭"按钮,结束设置。

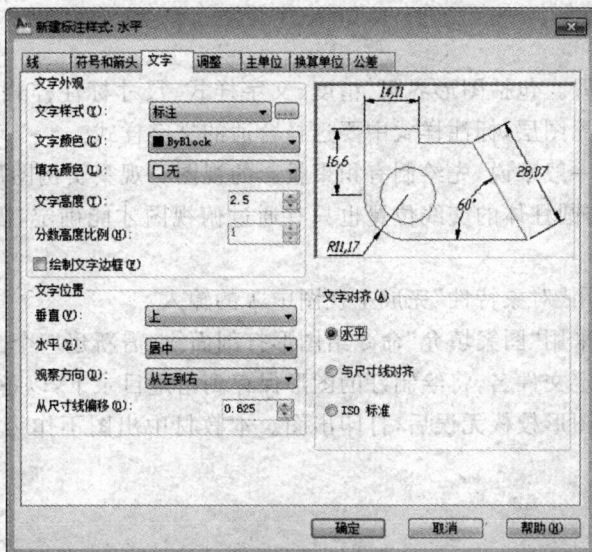

图 3-9 新建"水平"标注样式

实 训 内 容

建立 A3 图纸(省略标题栏绘制),根据标注尺寸,绘制 1:1 的三视图,如图 3-10 所示。

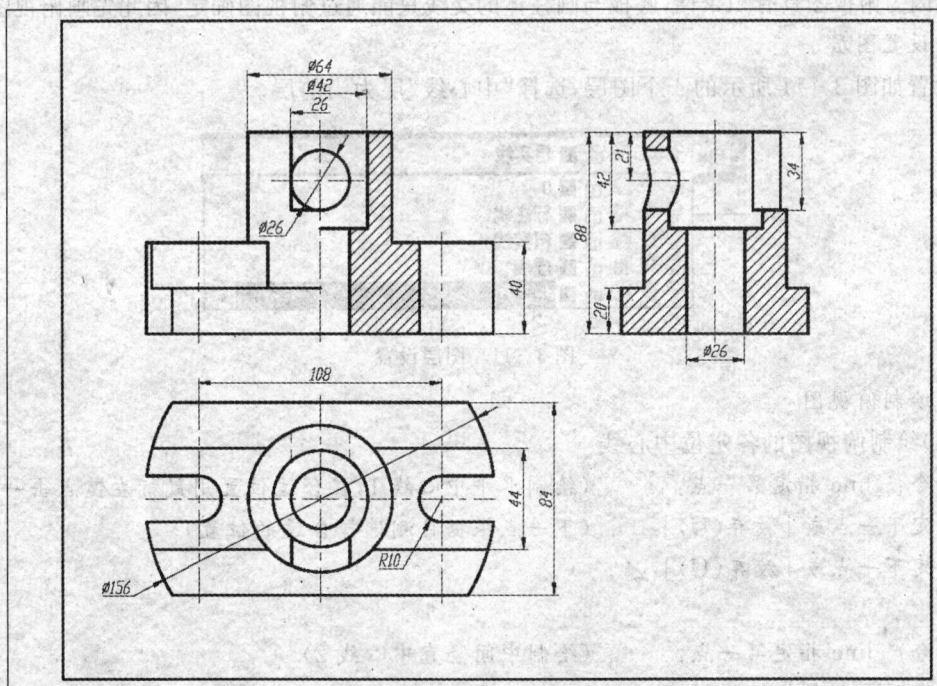

图 3-10 形体的三视图

一、绘图流程

1)草图及环境设置。包括图形界限、精度、文字样式、尺寸标注样式及图层等的设置。这里剖面线需要单独设立图层,标注样式中要选择合适的文字样式。

2)图形的绘制。一般来说,先绘制有积聚投影的视图。观察实例图形,圆柱体在俯视图是积聚投影,而且底板与圆柱体的交线位置也只有通过俯视图才能确定,因此先绘制俯视图,再绘制其他视图。

3)尺寸标注。利用"对象特性"完成主视图中φ的输入。

4)绘制剖面线。采用"图案填允"命令给图形打剖面线,需新建一个图层。

5)保存图形。给定文件名,将绘制好的图形保存到指定目录下,以备后续查看。

6)打印图形。待图形校核无误后,打印出图。本教材中出图不作为绘图任务,如需学习,请参阅其他书籍。

二、绘图步骤

1.新建文件

根据第一章样本文件的建立方法,设定 A4 图纸绘图区域,设置图形单位,设置标注文字样式和标注样式等。

绘制图形边框,此部分已在第二章详解过,此处不再赘述。

2.分析图形

分析三视图,选择先画的一个图形,然后可以使用"对象捕捉"和"对象追踪"命令画出其他的图形。因为俯视图具有积聚性,底板与圆柱体的交线只能通过俯视图确定,因此先画俯视图。

3.设置图层

设置如图 3-11 所示的 4 个图层,选择"中心线"层为当前层。

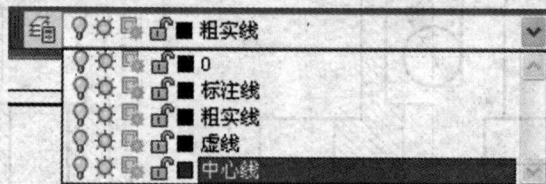

图 3-11　图层设置

4.绘制俯视图

(1)绘制俯视图的各定位中心线

命令:_line 指定第一点:　　　　　(绘制水平中心线 1,在合适位置用鼠标左键点击一点)

指定下一点或 [放弃(U)]:　　　　(下一点根据目测选择合适的位置)

指定下一点或 [放弃(U)]:↙

命令:_line 指定第一点:　　　　　(绘制中间竖直中心线 2)

指定下一点或 [放弃(U)]:

指定下一点或 [放弃(U)]:↙

利用"偏移"命令绘制其他中心线。

命令：_offset　　　　　　　（单击"偏移"命令）

当前设置：删除源＝否　图层＝源　OFFSETGAPTYPE＝0

指定偏移距离或 [通过(T)/删除(E)/图层(L)] <通过>：22↙

选择要偏移的对象，或 [退出(E)/放弃(U)] <退出>：　（鼠标选择中心线1）

指定要偏移的那一侧上的点，或 [退出(E)/多个(M)/放弃(U)] <退出>：↙　（在1线上方点击一点，得到线3）

选择要偏移的对象，或 [退出(E)/放弃(U)] <退出>：（鼠标选择中心线1）

指定要偏移的那一侧上的点，或 [退出(E)/多个(M)/放弃(U)] <退出>：　（在1线下方点击一点，得到线4）

绘图技巧：直接按"空格"键或"回车"键即可重复执行上一个命令。当偏移距离不变时，可多次选择不同对象进行偏移，当偏移距离改变时，可以先结束命令，再按"空格"键或"回车"键，重新执行"偏移"命令。再输入偏移距离进行偏移。

重复"偏移"命令，选择1线为偏移对象，偏移距离为42，得到5,6两条直线，重复"偏移"命令，选择2线为偏移对象，偏移距离为54，得到7,8两条直线，如图3-12所示。

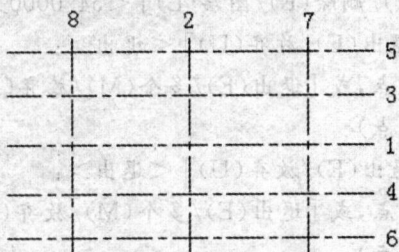

图3-12　绘制中心线

(2)绘制各已知直线、圆和圆弧

将"粗实线"作为当前层，绘制 $\phi26$，$\phi42$ 圆。

命令：_circle 指定圆的圆心或 [三点(3P)/两点(2P)/切点、切点、半径(T)]：

指定圆的半径或 [直径(D)]：13↙

CIRCLE 指定圆的圆心或 [三点(3P)/两点(2P)/切点、切点、半径(T)]：

指定圆的半径或 [直径(D)] <13.0000>：21↙

重复上述操作，捕捉圆心，绘制 R10，$\phi64$，$\phi156$ 圆，结果如图3-13(a)所示。

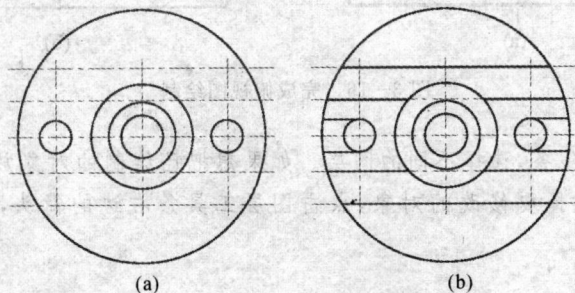

(a)　　　　　　　(b)

图3-13　绘制俯视图(一)

确保"对象捕捉"模式打开,捕捉交点,绘制直线,结果如图3-13(b)所示。

利用"删除"命令,将前面偏移的中心线删除,利用"修剪"命令,将多余线剪掉。利用夹持点编辑,拉伸中心线,结果如图3-14所示。绘图结果见图3-15。

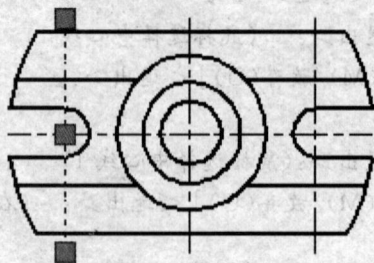

图 3-14 夹特点编辑   图 3-15 绘制俯视图(二)

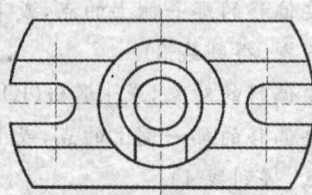

利用"偏移"命令,绘制桶壁上的圆孔和切槽,结果如图3-16(a)所示。

命令:_offset   ("偏移"命令)

当前设置:删除源=否   图层=源   OFFSETGAPTYPE=0

指定偏移距离或[通过(T)/删除(E)/图层(L)]<54.0000>:13

选择要偏移的对象,或[退出(E)/放弃(U)]<退出>:   (选择竖直中心线)

指定要偏移的那一侧上的点,或[退出(E)/多个(M)/放弃(U)]<退出>: (鼠标左键点击竖直中心线的左侧任意一点)

选择要偏移的对象,或[退出(E)/放弃(U)]<退出>:   (选择竖直中心线)

指定要偏移的那一侧上的点,或[退出(E)/多个(M)/放弃(U)]<退出>: (鼠标左键点击竖直中心线的右侧任意一点)

选择要偏移的对象,或[退出(E)/放弃(U)]<退出>:↙   (回车或空格键退出)

利用"修剪"命令,将多余线剪掉,并将桶壁上的圆孔和切槽的投影分别修改到"虚线"层和"粗实线"层上(修改方法见下面的提示),结果如图3-18(b)所示。

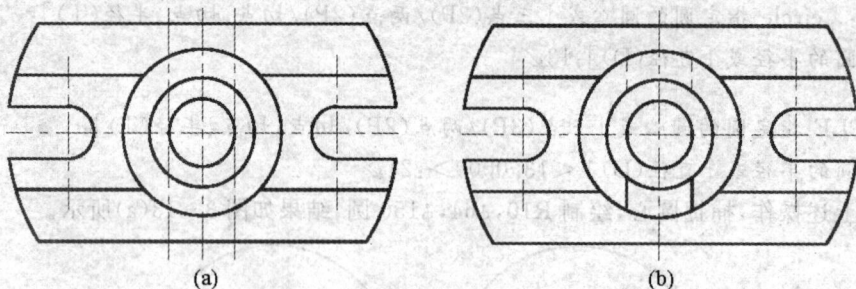

(a)   (b)

图 3-16 完成俯视图绘制

提示:绘制不同的线条,选择不同的图层。如果想把已绘制的对象放在其他图层上,可以通过以下方法修改:选择要修改的对象,点击图层工具条右边的箭头,选择正确的图层(见图3-17)。

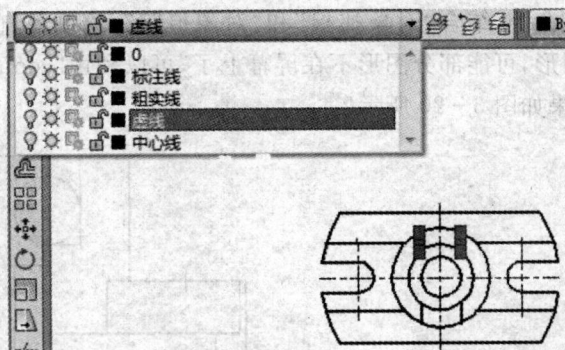

图 3-17 修改对象所在图层

5.绘制主视图

打开"正交""对象捕捉"和"对象追踪"模式,保证主视图和俯视图长对正。

(1)绘制主视图的外轮廓

命令：_line 指定第一点：   (追踪到 1 点位置鼠标左键点击,见图 3-18(a))

指定下一点或 [放弃(U)]：   (追踪到 2 点位置鼠标左键点击)

指定下一点或 [放弃(U)]：40   (在"正交"模式下,直接输入线段长度)

指定下一点或 [闭合(C)/放弃(U)]：

指定下一点或 [放弃(U)]：44

其他线都可以利用追踪获取点的方法绘制完成,绘图过程如图 3-18 所示。

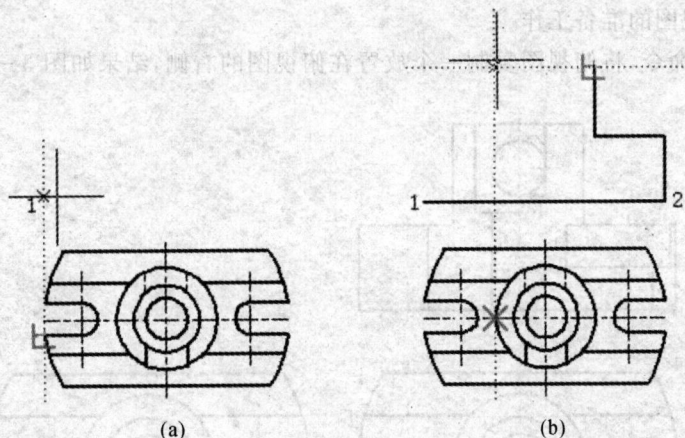

(a)   (b)

图 3-18 对象捕捉追踪点

(2)绘制主视图的各中心线

可以通过使用"复制" 命令复制俯视图中的中心线。再利用"夹持点编辑",修改中心线,结果如图 3-19 所示。

（3）绘制主视图中各已知直线和圆

利用"直线"和"圆"命令,结合"对象捕捉"和"对象追踪",绘制各直线和 φ26 圆。如果使用了鼠标中键缩放了图形,可能部分图形不在屏幕上了,可以利用"zoom"命令,选择"a",将图形全部置于屏幕上,结果如图 3-20 所示。

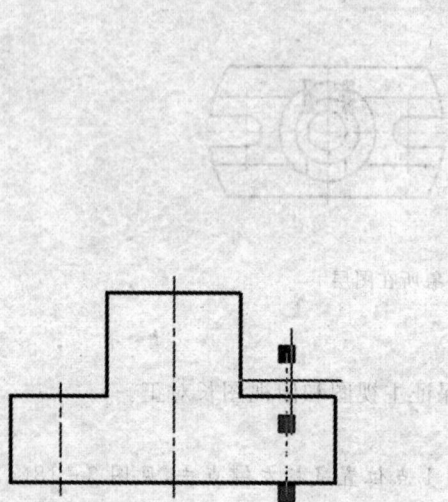

图 3-19　主视图中心线

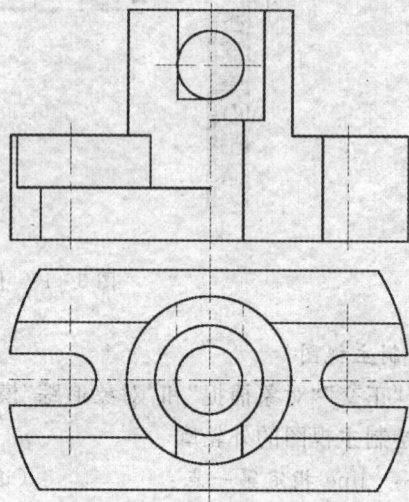

图 3-20　完成主视图和俯视图

绘图技巧: 利用"窗口缩放" 和"缩放上一个" 命令,可以快速缩放绘制图形。利用"z"命令,选择选项"a",可将图形全部显示在屏幕上。

6.绘制左视图

（1）绘制左视图的准备工作

使用"复制"命令,将俯视图复制一个放置在俯视图的右侧,结果如图 3-21 所示。

图 3-21　复制俯视图

命令：_copy

选择对象：指定对角点：找到 27 个

选择对象：✔

当前设置：复制模式 = 多个

指定基点或[位移(D)/模式(O)]<位移>：指定第二个点或 <使用第一个点作为位移>：

指定第二个点或[退出(E)/放弃(U)]<退出>：✔

利用"旋转"命令对俯视图进行先复制后旋转 90°操作，以便于左视图的绘制。如果旋转后的图形高度高于左视图的最低位置，可利用"移动"命令，将图像向下移动一定距离，保证左视图不与其压叠。结果如图 3-22 所示。

命令：_rotate

UCS 当前的正角方向： ANGDIR＝逆时针 ANGBASE＝0

找到 27 个

指定基点：

指定旋转角度，或[复制(C)/参照(R)]<0>： 90

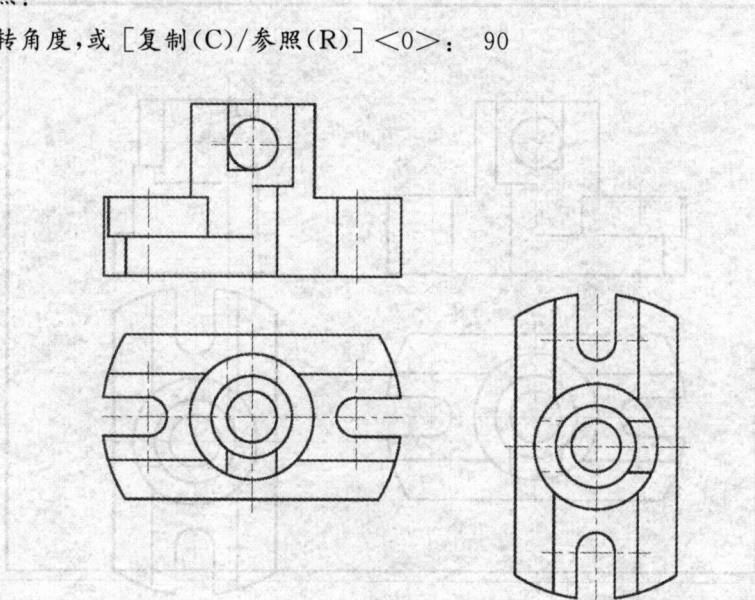

图 3-22 旋转复制的俯视图

(2)绘制左视图上已知直线和圆弧

确保"正交""对象捕捉"和"对象追踪"模式打开，保证左视图与主视图高平齐，俯视图与左视图宽相等，即左视图和复制旋转后的俯视图对正。

特别注意桶壁上孔和槽的投影对齐，结果如图 3-23 所示。

绘制孔与圆柱体相贯线的方法：过虚线与圆柱内、外表面交点，分别作直线，结果如图 3-24所示。利用"样条曲线"命令 ∿，绘制内、外相贯线，如图 3-25 所示。

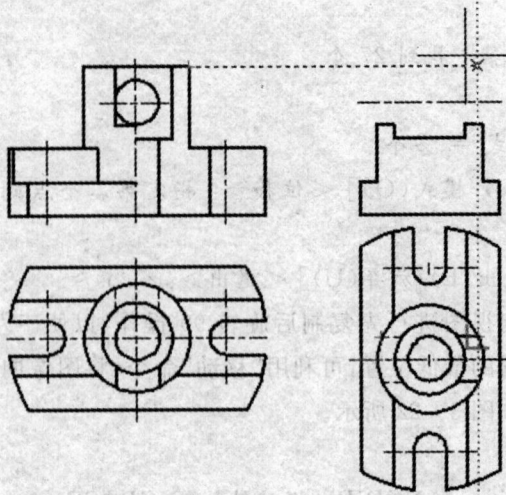

图 3-23　对象捕捉追踪点

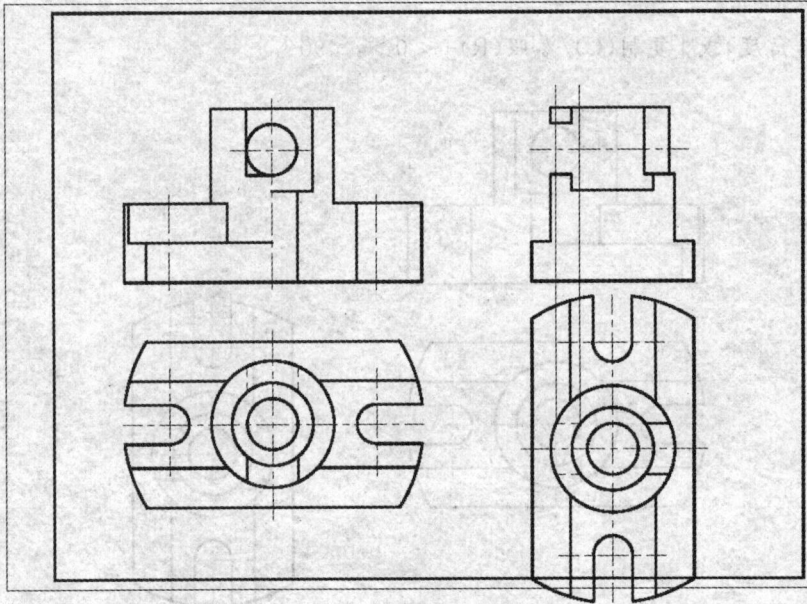

图 3-24　画相贯线

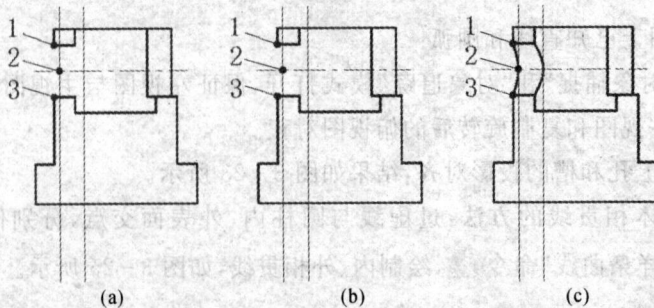

(a)　　　　　　　　(b)　　　　　　　　(c)

图 3-25　利用"样条曲线"绘制相贯线

命令：_spline　　　　　　　　　　　　　　（选择"样条曲线"命令～）

指定第一个点或［对象(O)］：　　　　　　　　（鼠标左键点击1点）

指定下一点：＜正交 关＞　　　　　　　　　　（鼠标左键点击2点）

指定下一点或［闭合(C)/拟合公差(F)］＜起点切向＞：　（鼠标左键点击3点）

指定下一点或［闭合(C)/拟合公差(F)］＜起点切向＞：✓　（直接按"空格"键）

指定起点切向：✓　　　　　　　　　　　　　　（直接按"空格"键）

指定端点切向：✓　　　　　　　　　　　　　　（直接按"空格"键）

也可以利用"圆弧"，命令／，三点画圆弧的方式绘制相贯线。具体步骤如下：

命令：_arc 指定圆弧的起点或［圆心(C)］：　　（鼠标左键点击1点）

指定圆弧的第二个点或［圆心(C)/端点(E)］：　（鼠标左键点击2点）

指定圆弧的端点：　　　　　　　　　　　　　　（鼠标左键点击3点）

提示：也可以利用"圆弧"命令，顺次选择1、2和3点，绘制相贯线。

完成图形如图3-26所示。

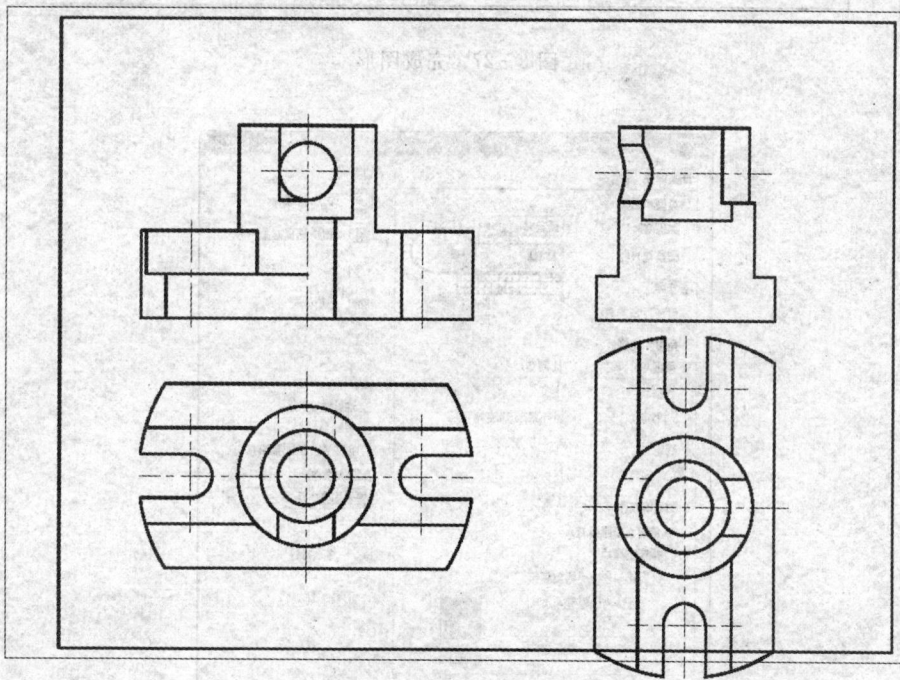

图3-26　完成的左视图

绘制其他线段，调整中心线长度，删除多余线，完成图形，结果如图3-27所示。

7.填充剖面线

选择"细实线"图层为当前层。

下拉菜单：绘图→图案填充或单击绘图工具栏中的█按钮，弹出"图案填充和渐变色"对话框，单击图案右侧的按钮，如图3-28所示。

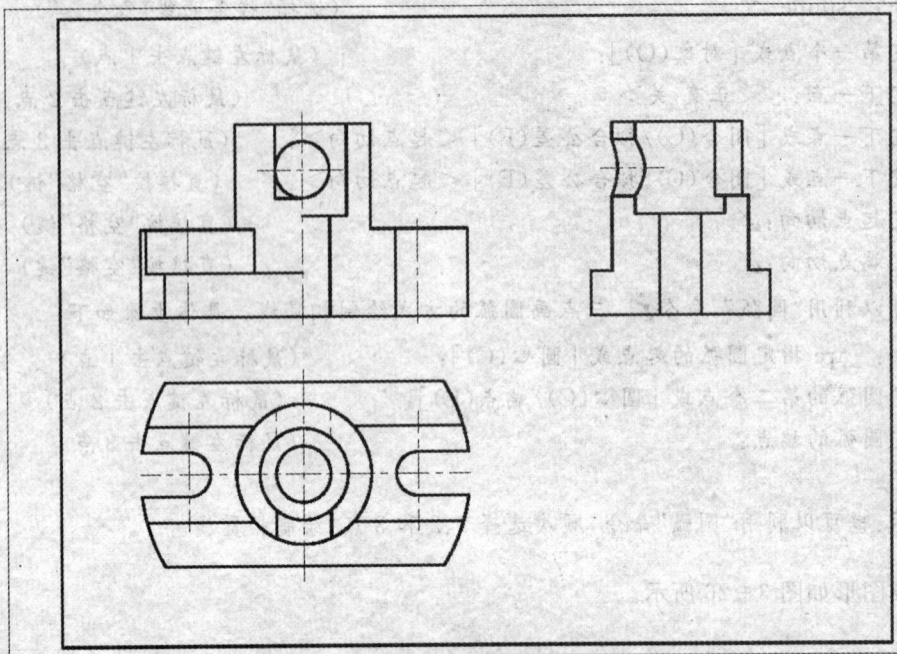

图 3-27　完成图形

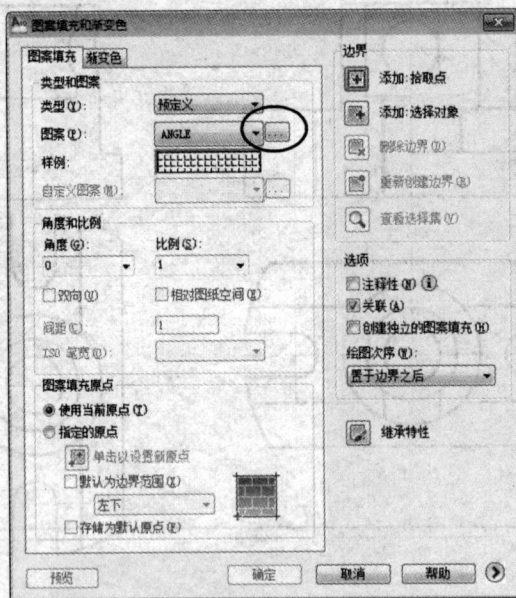

图 3-28　"图案填充和渐变色"对话框

　　弹出"填充图案选项板"对话框。选择"ANSI"选项卡中的"ANSI31",如图 3-29 所示,单击"确定"按钮,回到"图案填充和渐变色"对话框。

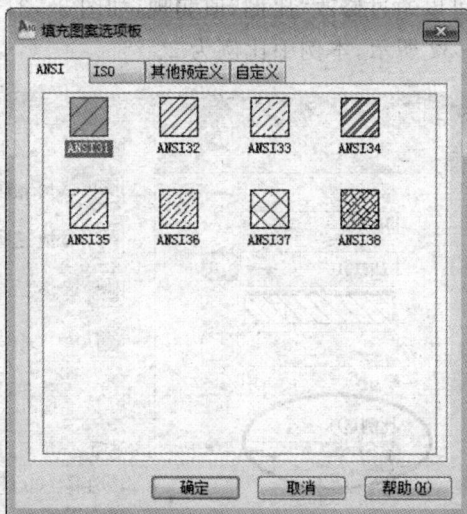

图 3 - 29 填充图案选项板

单击 ⊞ 添加:拾取点 按钮,回到图形界面。

将鼠标移至需要填充的区域,单击鼠标左键,此时选中的空间边界变成虚线。选择结束后,按空格键,重新出现"图案填充和渐变色"对话框,单击"确定"按钮,图案填充完毕,如图 3 - 30 所示。

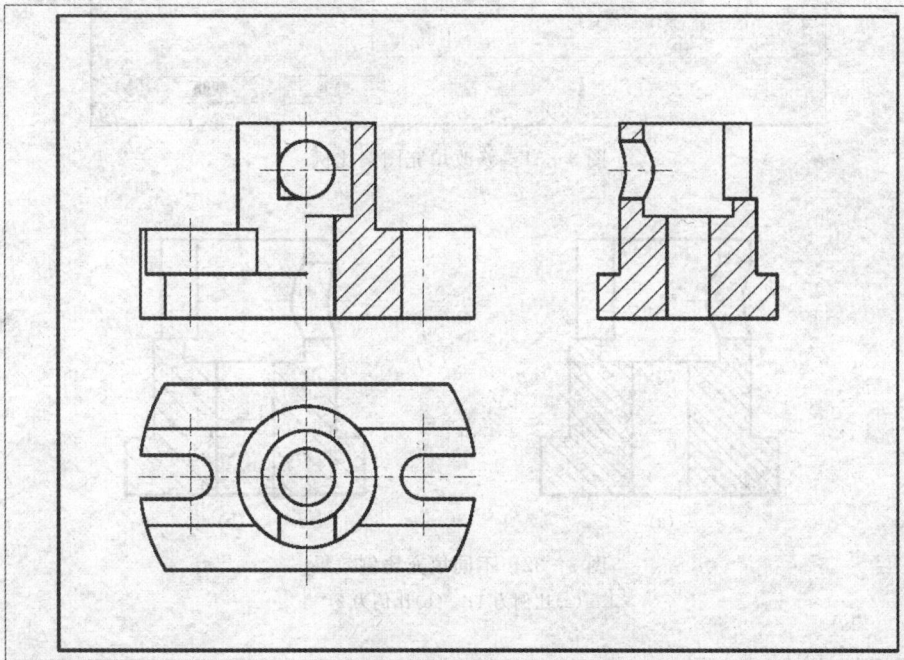

图 3 - 30 填充图案后的图形

提示:即使图案相同,图形也应该分别填充,避免修改时出现关联。

填充的图案间隔大小,可以通过修改"比例"值实现,如图 3-31 所示。不同比例显示的图案中斜线间隔不同,如图 3-32 所示,本例中比例为 2。

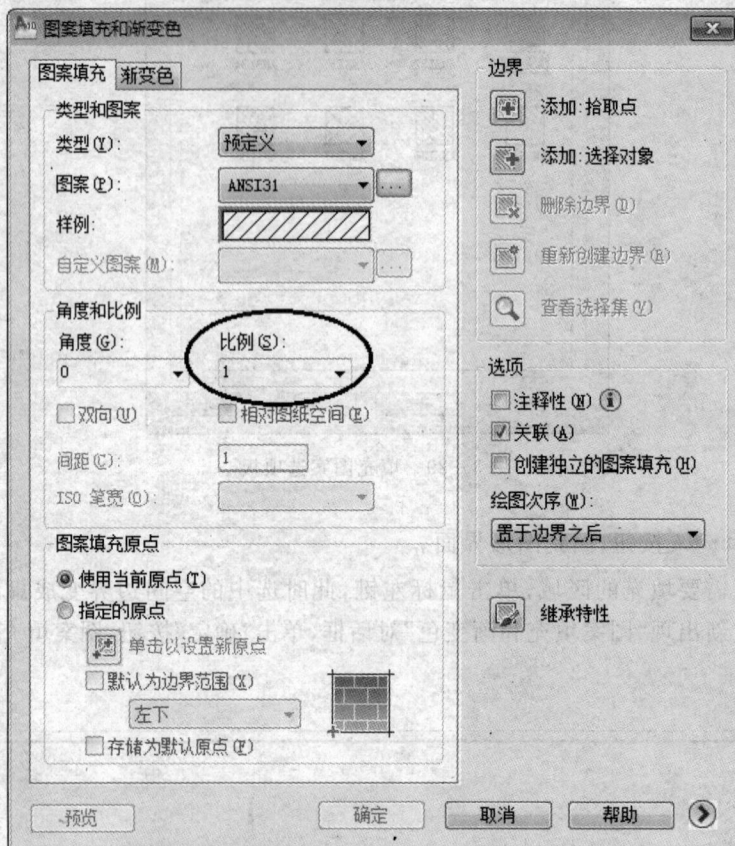

图 3-31   修改填充图案比例

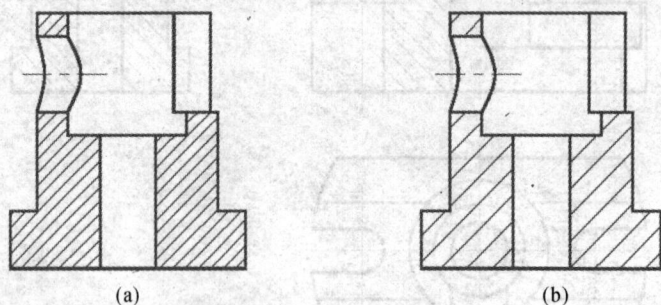

图 3-32   不同填充比例效果

(a)比例为 1;   (b)比例为 2

8.图形标注

第一章中介绍了"标注样式"的新建和修改,根据自己的不同需要设置不同的标注样式,本例中新建了两个标注样式:"隐藏"标注样式和"水平"标注样式(在本章前面已介绍)。使用哪个标注样式,就将其置为当前,完成图形的标注。

（1）线性标注

将 ISO-25 设为当前标注样式,利用"线性"标注,标注主视图中的 40 尺寸,标注俯视图中的 44,84,108 尺寸和左视图中的 34,21,20,42 和 88 尺寸。以及主视图中 φ64 和左视图中的 φ26。符号 φ 的输入方法见提示。标注结果如图 3-33 所示。

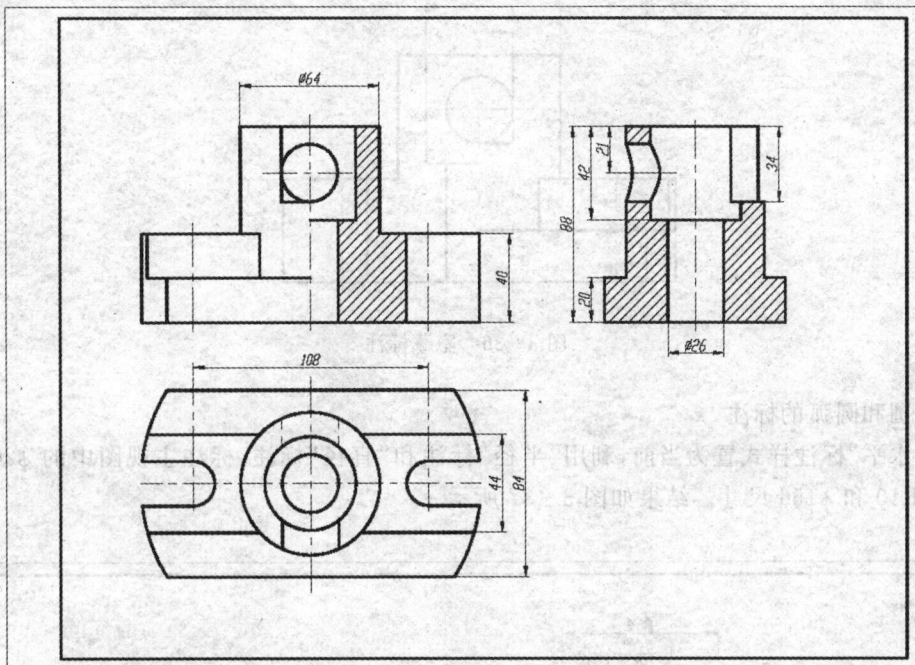

图 3-33 线性标注

提示: 主视图直径 φ64 标注中 φ 的输入:首先利用"线性标注",标注为 64,选择标注,点击 "QP"(见图 3-34),打开快捷特性(或点击鼠标右键,选择"快捷特性")。打开特性窗口,在"文字替代"中输入"%%c64"(见图 3-35)。回车,标注文字变为 φ64。

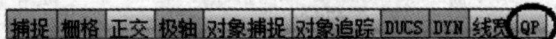

图 3-34 打开快捷特性

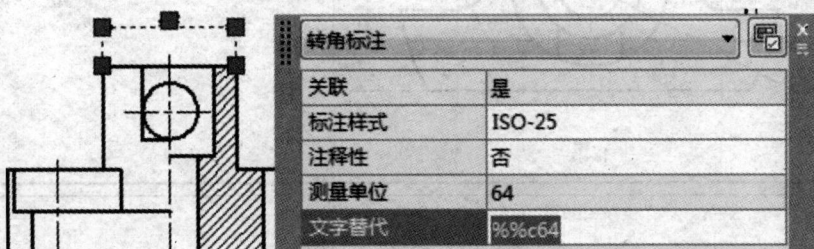

图 3-35 直径符号的输入

（2）利用"隐藏"标注样式，进行主视图中 φ42 和 26 的标注

将"隐藏"标注样式置为当前，由于样式中隐藏了第二条尺寸界线，在标注 φ42 时，先点击右边标注原点，在标注 26 时，先点击左边标注原点。标注结果如图 3-36 所示。

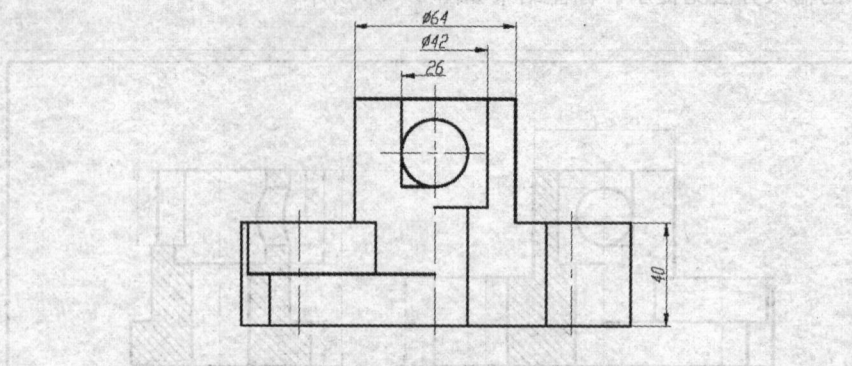

图 3-36　隐藏标注

（3）圆和圆弧的标注

将"水平"标注样式置为当前，利用"半径"标注和"直径"标注，标注主视图中的 φ26、俯视图中的 R10 和 φ156 尺寸。结果如图 3-37 所示。

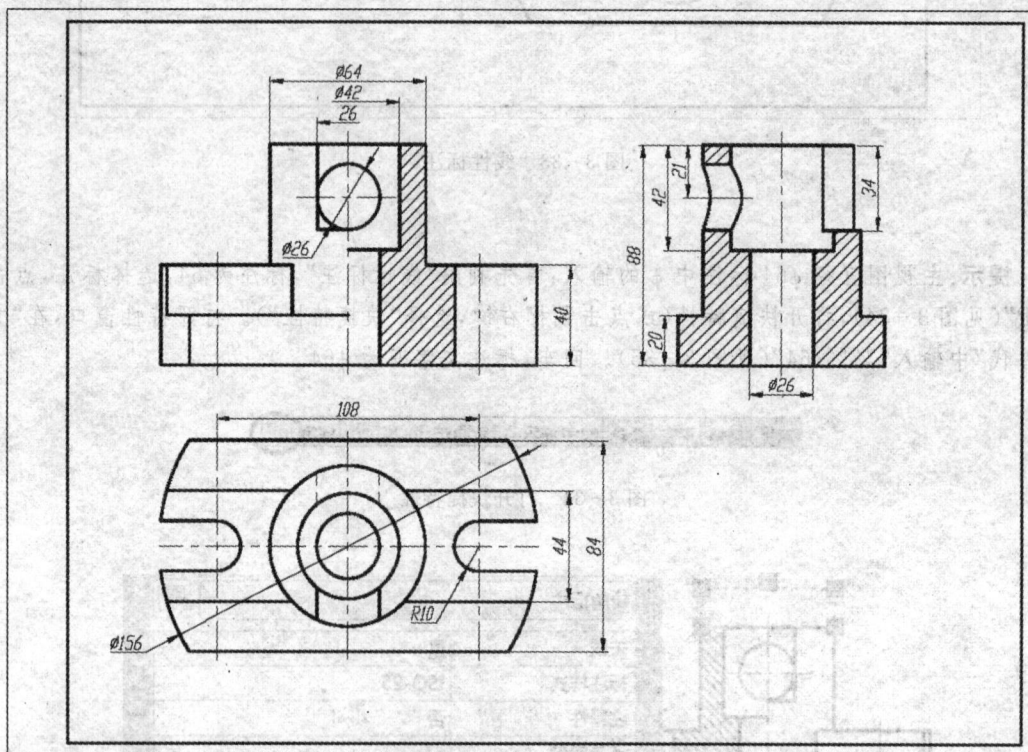

图 3-37　完成三视图

9.保存图形

选择"文件"菜单中"保存"命令,选择文件夹,保存图形。

练 习 题

1.建立 A3 图纸(图纸大小 420X297),以 1:1 的比例绘制如题图 3-1 所示三视图。

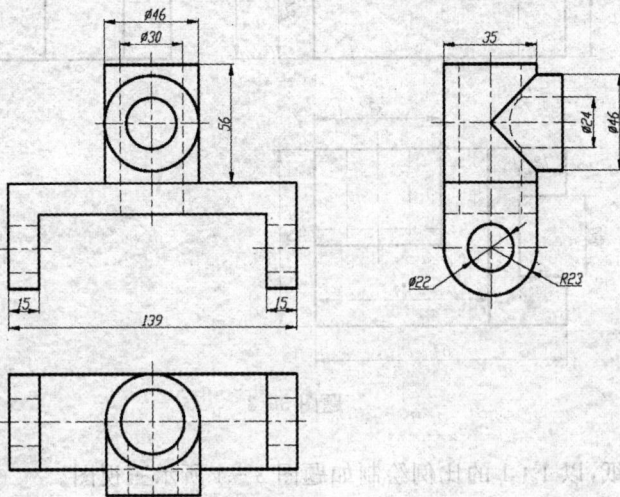

题图 3-1

2.建立 A4 图纸(图纸大小 297×210),以 1:1 的比例绘制如题图 3-2 所示三视图。

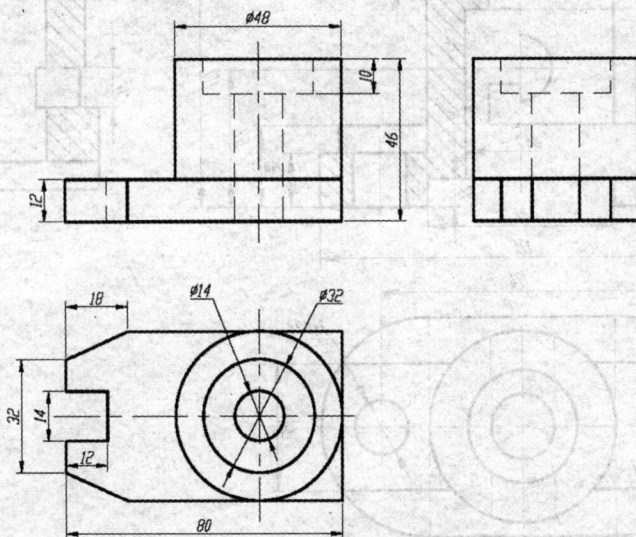

题图 3-2

3.建立 A4 图纸(图纸大小 297×210),以 1:1 的比例绘制如题图 3-3 所示三视图。

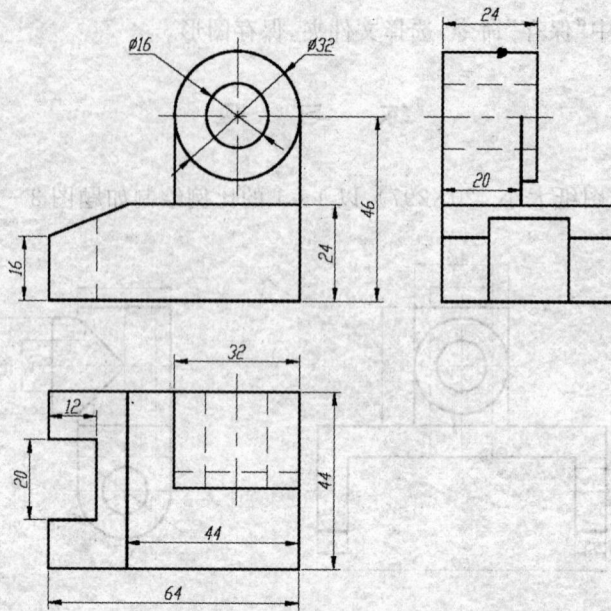

题图 3-3

4. 建立 A3 图纸,以 1∶1 的比例绘制如题图 3-4 所示三视图。

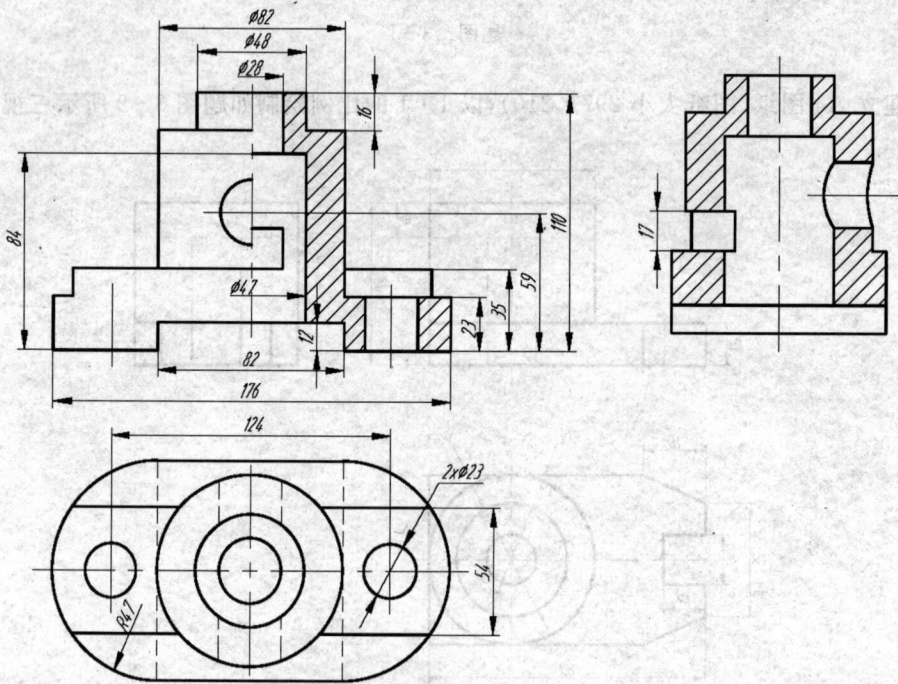

题图 3-4

第四章　绘制等轴测图

实 训 目 的

1.掌握正等轴测图的画法。
2.学会根据三视图构思轴测图、形体分析法作图。
3.掌握"对象捕捉"和"极轴追踪"的灵活运用。

本 章 说 明

1.将功能键"DUCS"和"DYN"关闭,"对象捕捉"和"对象追踪"打开。
2.将标准绘图模式切换为轴测绘图模式:用 SNAP 命令或"工具"菜单。
(1)使用 SNAP 命令切换等轴测平面模式

命令:snap↙
指定捕捉间距或［开(ON)/关(OFF)/样式(S)/类型(T)］<10.0000>:S↙
输入捕捉栅格类型［标准(S)/等轴测(I)］<I>:I↙
指定垂直间距 <10.0000>:↙

若要回到标准绘图模式,可在此使用 SNAP 命令,并在选择捕捉栅格类型时选 S 项即可。
(2)使用"工具"菜单切换模式

选择菜单"工具"→"草图设置",屏幕将弹出"草图设置"对话框,"捕捉和栅格"选项卡中选择"等轴测捕捉",如图 4-1(a)所示。单击"极轴追踪"选项卡,把"增量角"设置为 30,选择"用所有极轴角设置追踪",如图 4-1(b)所示。单击"确定"即可完成轴测绘图模式。

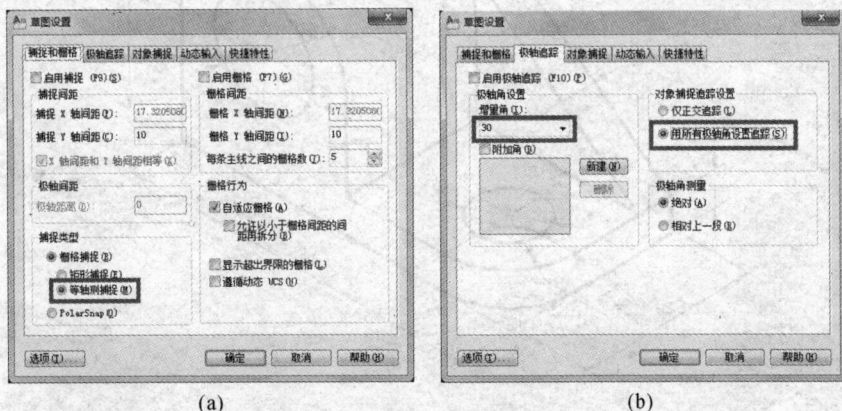

(a)　　　　　　　　　(b)

图 4-1　草图设置

提示：

此模式画出来的图是正等轴测图，如果要画斜二测图，把"极轴追踪"选项卡中的"增量角"设置为 45。

3.切换轴测绘图平面的 3 种方法：

1）按"F5"功能键；

2）按"Ctrl＋E"组合键；

3）输入 ISOPLANE 命令，输入首字母 L，T，R 来转换相应的轴测面。

命令：ISOPLANE✓

当前等轴测平面：左视

输入等轴测平面设置［左视（L）/俯视（T）/右视（R）］＜俯视＞:✓

当前等轴测面：俯视

3 种平面状态下显示的光标，如图 4－2 所示。

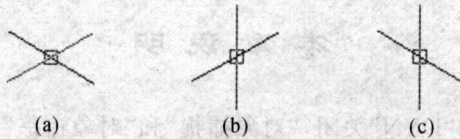

图 4－2　正等轴测图三种平面状态
(a)水平面；(b)正平面；(c)侧平面

实 训 内 容

切换轴测绘图模式，依据标注尺寸，绘制 1∶1 的正等轴测图，如图 4－3 所示。

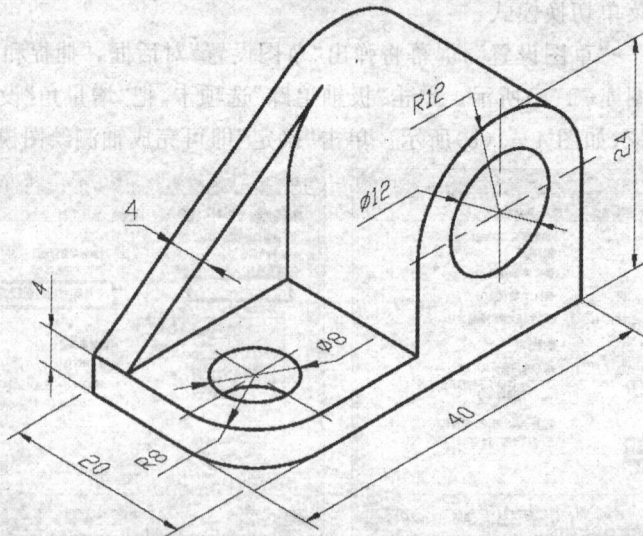

图 4－3　实例图形

一、绘图流程

1)绘图环境设置。包括图形界限、精度、文字样式、尺寸标注样式及图层等的设置。

2)图形的绘制。根据轴测图特点，从下往上依次绘制，先绘制底板，在底板上方绘制圆柱体和肋板结构。

3)线性尺寸标注。利用"对齐标注"对尺寸进行预标注，再利用"DIMEDIT"命令将标注倾斜一定角度，使其落在相应的轴测面上。

4)圆的尺寸标注。需要借助正投影圆完成。

5)保存图形。给定文件名，将绘制好的图形保存到指定目录下，以备后续查看。

6)打印图形。待图形校核无误后，打印出图。

二、绘图步骤

1.设置图层
建立如图4-4所示的图层。

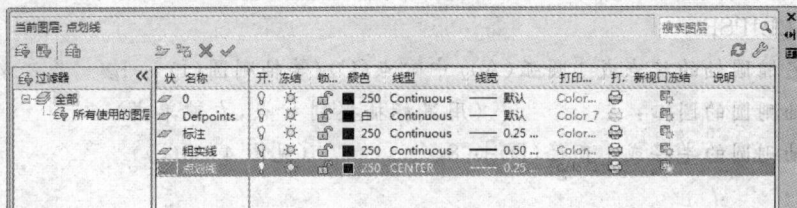

图4-4　设置图层

2.绘制底板

思路:绘制底面矩形、圆孔、圆角，再通过复制得到底板。

把当前图层设置为"粗实线"，使轴测绘图平面设置为水平轴测面，打开辅助工具栏中的"正交"。

命令：line 指定第一点：　　　　　　　（目测位置，用鼠标任意点取一点A）
指定下一点或［放弃(U)］：20✓　　　（将鼠标移到右下方，输入20按回车）
指定下一点或［放弃(U)］：40✓　　　（将鼠标移到右上方，输入40按回车）
指定下一点或［闭合(C)/放弃(U)］：20✓（将鼠标移到左上方，输入20按回车）
指定下一点或［闭合(C)/放弃(U)］：c✓　（闭合，如图4-5(a)所示）

绘图技巧:当未知点的相对极坐标角度值为30°的整数倍时，可以打开"正交"，将鼠标移到未知点方向，输入距离，按空格或回车键。

下一步画圆，先找圆心，如图4-5(b)所示。

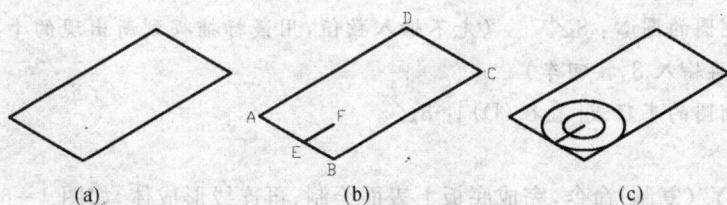

(a)　　　　　　(b)　　　　　　(c)

图4-5　绘制底面及孔

命令：LINE 指定第一点：　　　　　　　　　　　（点击 B 点）

指定下一点或［放弃(U)］:8↙　　　　　　　（将鼠标移到 E 点,输入 8 按回车）

指定下一点或［放弃(U)］:8↙　　　　　　　（将鼠标移到 F 点,输入 8 按回车）

指定下一点或［闭合(C)/放弃(U)］:↙

提示: 画直线找圆心是绘制等轴测图及三维实体图时常用的方法。

绘图技巧: 除了画直线找圆心之外,还可以在画圆时建立临时参考点的方法找圆心。具体操作步骤:

利用"椭圆"命令绘制等轴测水平圆。利用 F5 键将光标调整到水平轴测面状态。

命令：ELLIPSE↙　　　　　　　（可点击工具栏图标 ⬭ ,也可以输入 ellipse 或 el）

指定椭圆轴的端点或［圆弧(A)/中心点(C)/等轴测圆(I)］:I↙

指定等轴测圆的圆心：　　　　　　（用鼠标捕捉到 F 点,左键单击）

指定等轴测圆的半径或［直径(D)］:4↙

命令：↙

命令：ELLIPSE

　　　指定椭圆轴的端点或［圆弧(A)/中心点(C)/等轴测圆(I)］:I↙

指定等轴测圆的圆心：　　　　　　（用鼠标捕捉到 F 点,左键单击）

指定等轴测圆的半径或［直径(D)］:8↙　　　　（见图 4-5(c)）

提示:

1)绘制等轴测圆时必须使用"ELLIPSE"(椭圆)命令,而不可使用"CIRCLE"(圆)命令。

2)"FILLET"(圆角)命令只用在标准绘图模式,不可用在轴测绘图模式里画圆角。

使用"TRIM"(修剪)和"ERASE"(删除)命令修剪多余的线条。

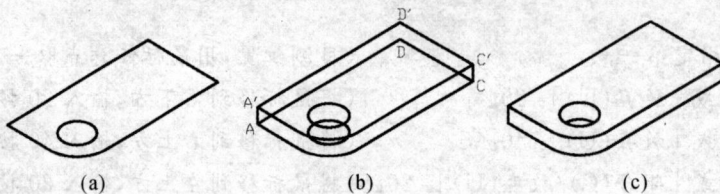

图 4-6　绘制底板圆角和孔

命令：ELLIPSE↙

指定椭圆轴的端点或［圆弧(A)/中心点(C)/等轴测圆(I)］:I↙

　　指定等轴测圆的圆心：TT 指定临时对象追踪点:8↙　　　　（先输入 TT,再用鼠标捕捉到 B 点但不点击,当 B 点出现十字光标时,将鼠标移到 BC 线上的任意一点,并输入 8,按回车）

　　指定等轴测圆的圆心:8↙　　　（先不输入数值,用鼠标捕捉到新出现的十字光标并与 BA 平行方向移动,再输入 8,按回车）

　　指定等轴测圆的半径或［直径(D)］:8↙

使用"COPY"(复制)命令,完成底板上表面绘制,再连线形成体,如图 4-6(b)所示。

命令：COPY↙   （也可以输入 copy 或 co）

选择对象：指定对角点：找到 6 个（选择整个图形）

选择对象：↙

当前设置： 复制模式 = 多个

指定基点或 [位移(D)/模式(O)] <位移>：指定第二个点或 <使用第一个点作为位移>： <等轴测平面 右视> 4↙   （点击 A，按 F5 键，将鼠标向上移动，输入 4，按回车）

指定第二个点或 [退出(E)/放弃(U)] <退出>：↙

命令：LINE 指定第一点：   （点击 A）

指定下一点或 [放弃(U)]：   （点击 A′）

指定下一点或 [放弃(U)]：↙

命令： LINE 指定第一点：   （点击 C）

指定下一点或 [放弃(U)]：   （点击 C′）

指定下一点或 [放弃(U)]：↙

再用"TRIM"和"ERASE"命令将多余及看不见的图线修剪或删除掉，如图 4-6(c)所示。

3.绘制圆柱体

思路：绘制侧面、圆孔，复制获得另一圆柱面，画公切线完成圆柱体。

找圆心、画两圆、连直线形成侧面。

命令：LINE 指定第一点：   （点击 C′）

指定下一点或 [放弃(U)]：@10<210↙   （绘制直线 C′G）

指定下一点或 [放弃(U)]：@10<90↙   （绘制直线 GG′，点 G′即为圆心）

指定下一点或 [闭合(C)/放弃(U)]：↙

命令：ELLIPSE

指定椭圆轴的端点或 [圆弧(A)/中心点(C)/等轴测圆(I)]：I↙

指定等轴测圆的圆心：（点击 G′）

指定等轴测圆的半径或 [直径(D)]：6↙

命令：↙

ELLIPSE

指定椭圆轴的端点或 [圆弧(A)/中心点(C)/等轴测圆(I)]：I↙

指定等轴测圆的圆心：（点击 G′）

指定等轴测圆的半径或 [直径(D)]：10↙

命令：LINE 指定第一点：   （点击 C′，画切线）

指定下一点或 [放弃(U)]：   （用鼠标捕捉到大圆的切点）

指定下一点或 [放弃(U)]：↙

命令：COPY↙

选择对象：找到 1 个   （选右边的切线）

选择对象：↙

当前设置： 复制模式 = 多个

指定基点或 [位移(D)/模式(O)] <位移>：指定第二个点或 <使用第一个点作为位移>：20↙   （点击 C′，将鼠标移到大圆的另一侧，输入 20 按回车）

指定第二个点或［退出(E)/放弃(U)］＜退出＞:✓

结果如图 4-7(a)所示。经修剪和删除之后见图 4-7(b)。

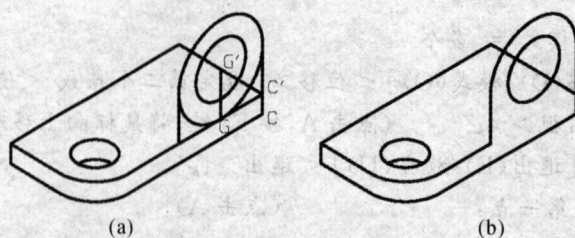

图 4-7 绘制圆柱体侧面

利用"复制"命令,完成圆柱体另一侧面。

命令:COPY✓

选择对象:找到 1 个　　　　　　　　(选圆柱体外表面圆弧以及左边与其相切的直线)

选择对象:找到 1 个,总计 2 个

选择对象:✓

当前设置: 复制模式 = 多个

指定基点或［位移(D)/模式(O)］＜位移＞:指定第二个点或 ＜使用第一个点作为位移

＞: ＜等轴测平面 左视＞(点击 C′,按 F5 键,将等轴测切换到侧平面)

指定第二个点或［退出(E)/放弃(U)］＜退出＞:(点击 D′)

命令:LINE 指定第一点:　　　　　　(用鼠标在一个圆弧右上角捕捉切点)

指定下一点或［放弃(U)］:　　　　　(用鼠标在另一圆弧右上角捕捉切点)

指定下一点或［放弃(U)］:✓

结果如图 4-8(a)所示。经修剪和删除后如图 4-8(b)所示。

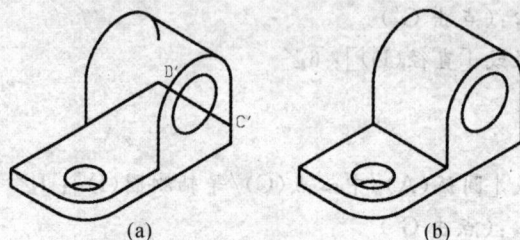

图 4-8 完成绘制圆柱体

4.绘制肋板

思路:侧面,特别是相切线的绘制,复制完成立板。

命令: ＜正交 关＞　　　　　　　　(关闭"正交")

命令:LINE 指定第一点:　　　　　　(点击 A′)

指定下一点或［放弃(U)］:tan 到　　(输入"tan",按空格键,用鼠标捕捉到圆弧上的切点 G′,并单击)

指定下一点或［放弃(U)］:✓　　　　(结果见图 4-9(a))

命令:COPY✓

选择对象:找到 1 个　　　　　　　　(分别选直线 A′G′、A′L′、L′M′以及弧 M′N′)

选择对象：找到 1 个,总计 2 个

选择对象：找到 1 个,总计 3 个

选择对象：找到 1 个,总计 4 个

选择对象：↙

当前设置：　复制模式 ＝ 多个

指定基点或 ［位移(D)/模式(O)］＜位移＞：指定第二个点或 ＜使用第一个点作为位移
＞：@4＜330↙　　　　　　　　（点击 A′,确定第一点,第二点输入相对坐标来确定）

指定第二个点或 ［退出(E)/放弃(U)］＜退出＞：↙　　　　（结果见图 4－9(b)）

经修剪和删除多余及看不见的线条后,结果如图 4－9(c)所示。

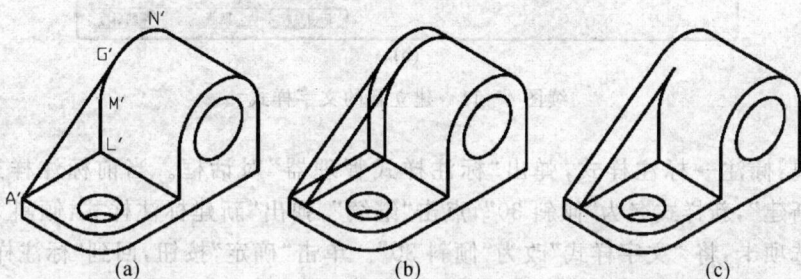

图 4－9　绘制肋板

将"中心线"层设为当前层,分别在水平面和正平面添加中心线,结果如图 4－10 所示。

5.标注尺寸

(1)创建新的文字样式和标注样式

将"标注"层置为当前图层,下拉菜单:格式→文字样式或单
击工具条中的按钮，弹出"文字样式"对话框,单击"新建"按
钮,输入"倾斜 30"为新样式名,点击"确定"。字体名为"txt.
shx","倾斜角度(O)"为 30,其他不变,点击"应用"。再新建"倾
斜－30"文件格式,字体名为"txt.shx","倾斜角度(O)"为－30,
点击"应用","关闭",如图 4－11 所示。

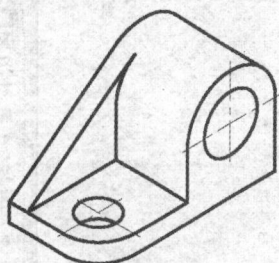

图 4－10　添加中心线

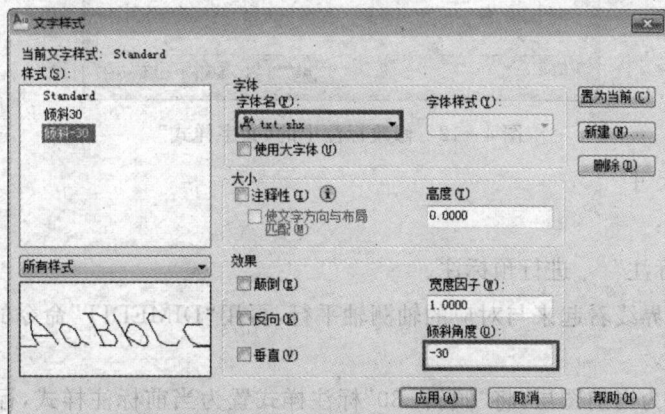

(a)

图 4－11　建立新的文字样式

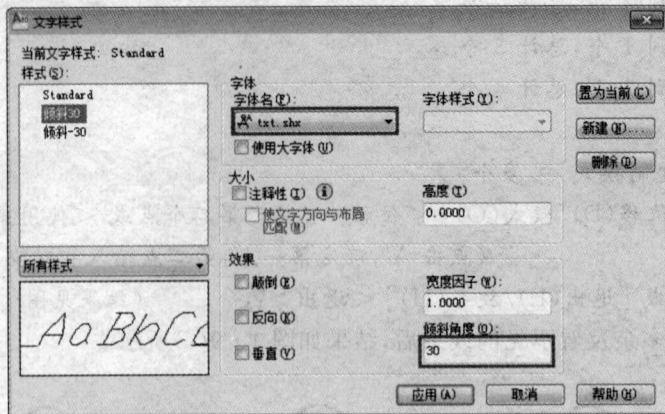

(b)

续图 4-11　建立新的文字样式

下拉菜单:标注→标注样式,弹出"标注样式管理器"对话框。当前标注样式为"ISO -25"。单击"新建",新样式名为"倾斜 30",点击"继续",弹出"新建标注样式:倾斜 30"对话框。单击"文字"选项卡,将"文字样式"改为"倾斜 30"。单击"确定"按钮,回到"标注样式管理器"对话框。同样方法建立新标注样式"倾斜-30",将"文字样式"改为"倾斜-30"。单击"关闭"按钮,结束新建标注样式(见图 4-12)。

图 4-12　修改标注中的"文字样式"

(2)标注直线尺寸

标注尺寸过程:

1)利用"对齐标注" 进行预标注。

2)为了让尺寸界线看起来与对应的轴测轴平行,再用"DIMEDIT"命令的"O"选项进行尺寸界线的角度调整。

将"标注"层置为当前图层,将"倾斜-30"标注样式置为当前标注样式,标注水平面的尺寸40。首先确定尺寸界线原点,打开"正交""对象捕捉""对象追踪",由切点 C 画一平行于 Y 轴的直线 CB,B 点与 A 点平齐,结果如图 4-13 所示。

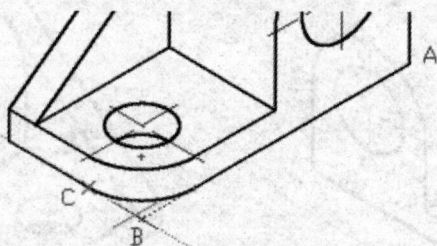

图 4-13 利用追踪确定尺寸界线原点

命令:_dimaligned
指定第一条延伸线原点或 <选择对象>: (选择 A 点)
指定第二条延伸线原点: (选择 B 点)
指定尺寸线位置或
[多行文字(M)/文字(T)/角度(A)]: (移动鼠标到合适位置)
标注文字 = 40
标注:* 取消 * (按键盘上的"ESC")
结果如图 4-14(a)所示。
利用"DIMEDIT"命令的"O"选项将标注尺寸界线角度调整为-30°。
命令:DIMEDIT✓
输入标注编辑类型 [默认(H)/新建(N)/旋转(R)/倾斜(O)] <默认>:O
选择对象:找到 1 个 (选择 40 的标注尺寸)
选择对象:✓
输入倾斜角度(按 ENTER 表示无):- 30✓
结果如图 4-14(b)所示。

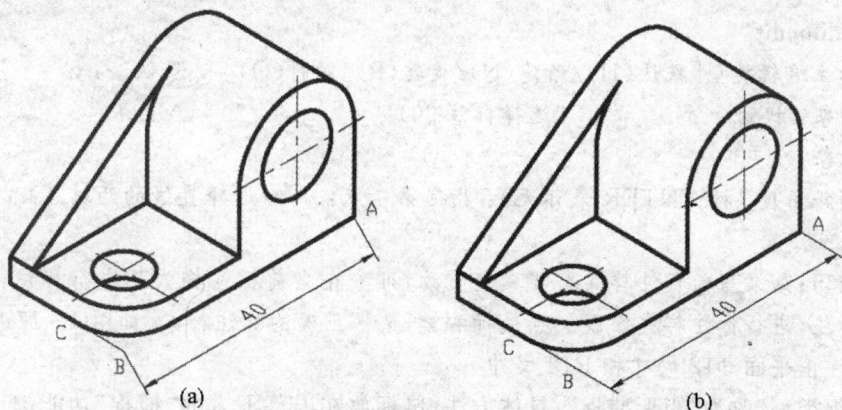

图 4-14 标注尺寸 40

标注 20 尺寸,由切点 D 画 DB 直线,如图 4-15(a)所示。将"倾斜 30"标注样式置为当前标注样式,利用"对齐标注",对尺寸进行预标注,利用"DIMEDIT"命令的"O"选项将标注尺寸界线角度调整为 30°。结果如图 4-15(b)所示。

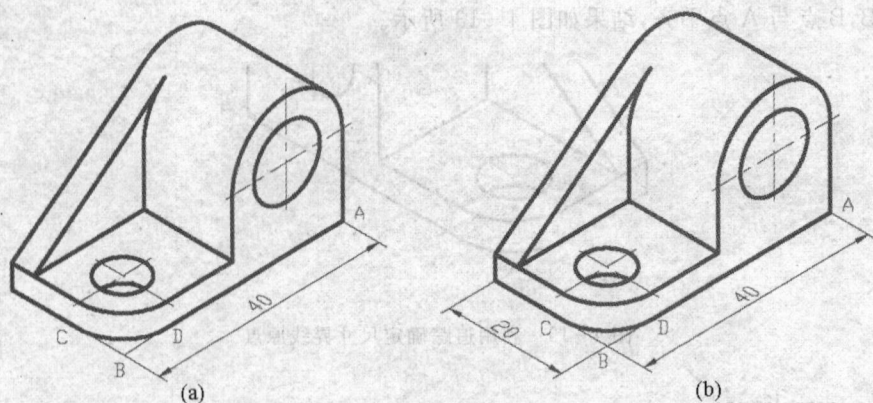

图 4-15 标注尺寸 20

绘图技巧：利用直线将尺寸界线对齐。

首先利用"对齐标注"进行预标注，沿轮廓顶点画竖直直线，当提示"输入倾斜角度"时，选择直线两端点，如图 4-6 所示。

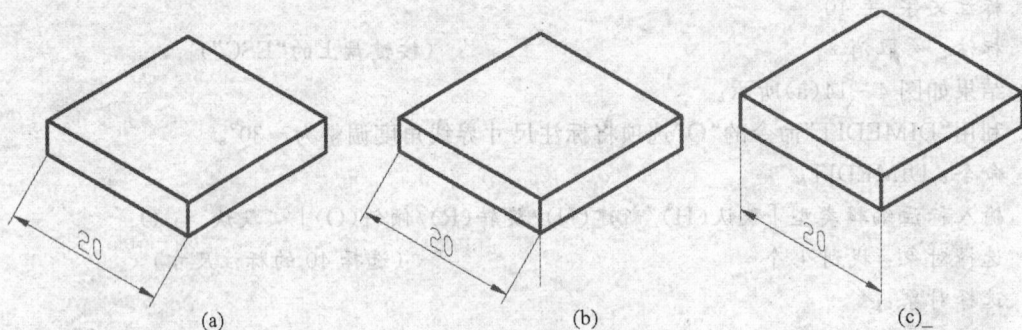

图 4-16 尺寸界线对齐技巧

命令：dimedit

输入标注编辑类型［默认(H)/新建(N)/旋转(R)/倾斜(O)］＜默认＞：o

选择对象：找到 1 个　　　　（选择标注 20）

选择对象：

输入倾斜角度（按 ENTER 表示无）：指定第二点：　　（选择直线的两端点）

绘图技巧：如果当前标注样式需要频繁更改，可先在当前标注样式下进行标注，再选择刚刚进行的标注，进行标注样式修改。点鼠标右键，选择正确的标注样式，如图 4-17 所示。

(3)标注正平面 Φ12 尺寸和 R12 尺寸

将"捕捉类型"改为"矩形捕捉"，具体方法：鼠标放在屏幕下方的"捕捉"功能键上，点击鼠标右键，弹出"草图设置"对话框，将"捕捉类型"改为"矩形捕捉"模式，如图 4-18 所示。

	标注文字位置(X)	▶	
	精度(R)	▶	
	标注样式(D)	▶	另存为新样式(S)...
	翻转箭头(F)		倾斜-30
	注释性对象比例	▶	倾斜30
			ISO-25
✂	剪切(T)	Ctrl+X	水平圆标注
	复制(C)	Ctrl+C	圆标注
	带基点复制(B)	Ctrl+Shift+C	4尺寸标注
	粘贴(P)	Ctrl+V	其他(O)...
	粘贴为块(K)	Ctrl+Shift+V	
	粘贴到原坐标(D)		
	删除		
	移动(M)		
	复制选择(Y)		
	缩放(L)		
	旋转(O)		
	绘图次序(W)	▶	
	链接	▶	
	标签	▶	

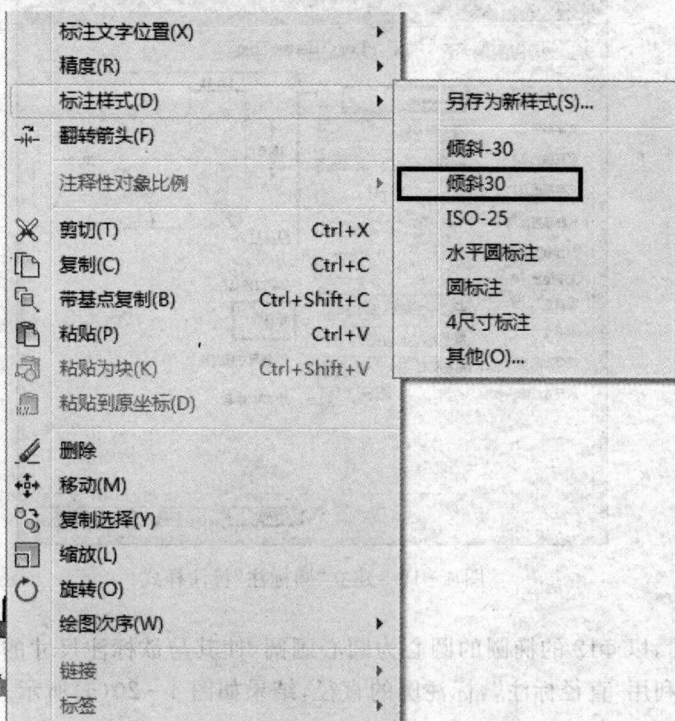

图 4-17 修改标注样式

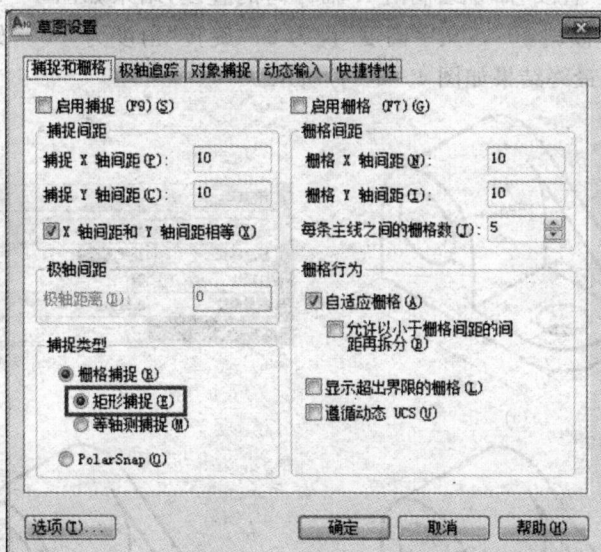

图 4-18 修改捕捉类型

以"ISO-25"为基础标注样式,建立"圆标注"标注样式,并将其置为当前标注样式。"圆标注"标注样式中,"文字样式"为"Standard","文字对齐"改为"水平",如图 4-19 所示。

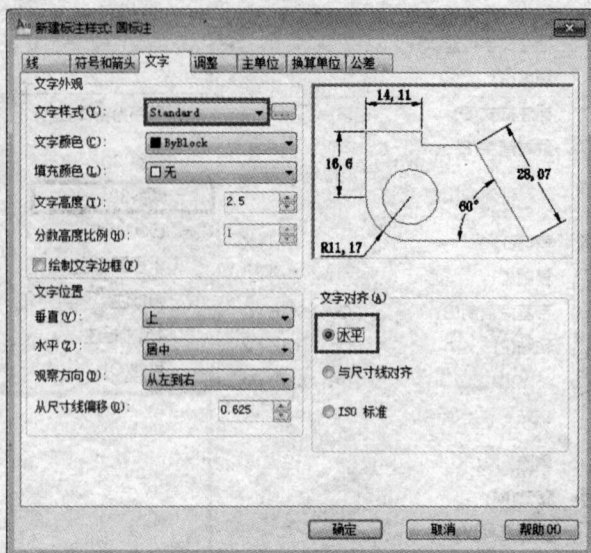

图 4-19 建立"圆标注"标注样式

　　绘制辅助圆,以 Φ12 的椭圆的圆心为圆心画圆,使其与欲标注尺寸的椭圆相交,此时目测相交位置即可,利用"直径标注",标注圆的直径,结果如图 4-20(a)所示。此时不必理会标注出来的数字是多少。鼠标选择此标注,点击鼠标右键,打开此标注的快捷特性,在"文字替代"中输入一个空格,如图 4-20(b)所示。回车确定后结果如图 4-20(c)所示。将"捕捉类型"改为"等轴测捕捉",利用"直线"命令绘制沿 X 轴方向的直线,结果如图 4-20(d)所示。添加文字"Φ12",文字样式为"倾斜 30","文字高度"设为 2,"旋转"角度为"30",如图 4-20(e)所示。删除开始画的辅助圆,最终结果如图 4-20(f)所示。

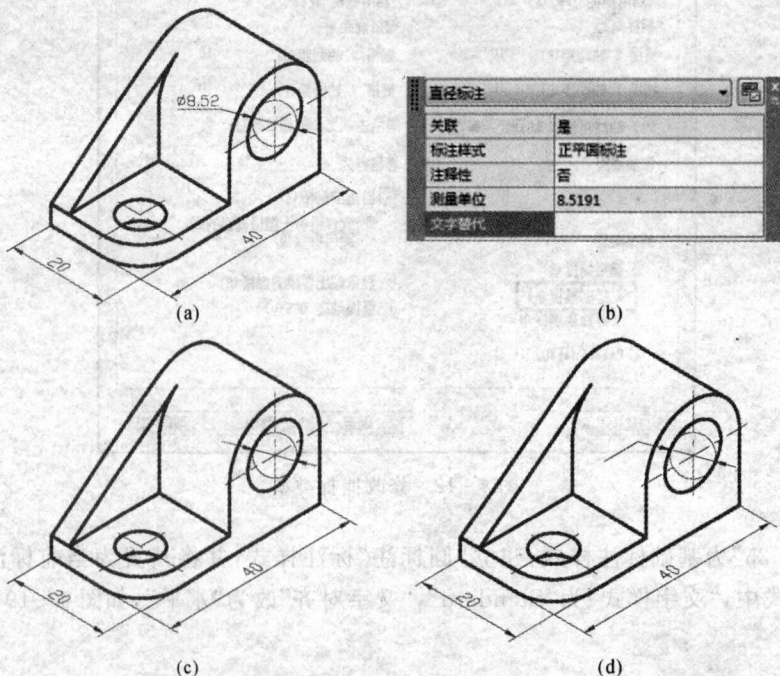

(a)

(b)

(c)

(d)

图 4-20　标注 Φ12

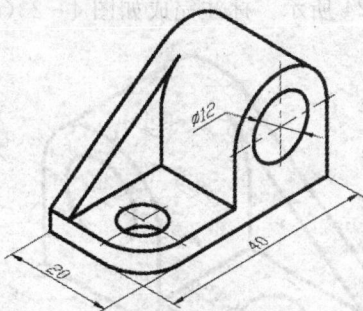

（e）　　　　　　　　　　　　（f）

续图 4-20　标注 Φ12

采用以上辅助圆的方法,标注圆柱体 R12,结果如图 2-21 所示。

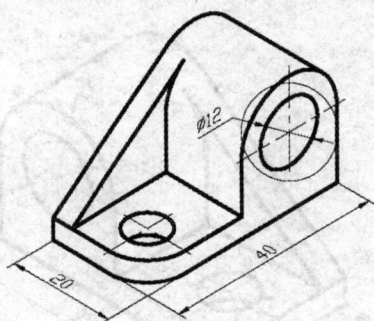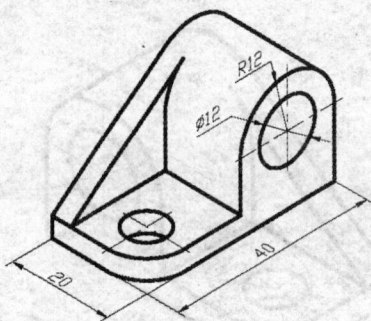

图 4-21　标注尺寸 R12

（4）标注水平面 Φ8 尺寸和 R8 尺寸

将"捕捉类型"改为"矩形捕捉",以 Φ8 水平圆的圆心为圆心,画圆与椭圆相交,如图 4-22（a）所示。

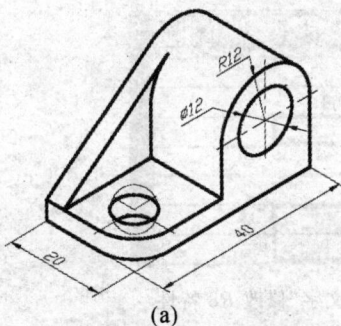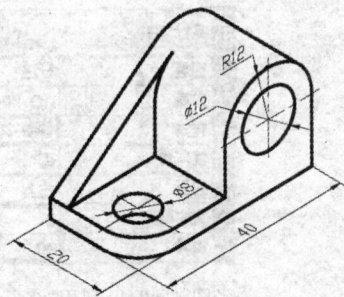

（a）　　　　　　　　　　　　（b）

图 4-22　标注尺寸 Φ8

采用辅助圆的方法,完成 R8 的标注。画辅助圆,如图 4-23（a）所示;利用"半径标注",标注圆的半径,如图 4-23（b）所示;将标注的"快捷特性"中的"文字替代"输入空格,如图 4-23（c）所示;沿标注尺寸线画直线及平行于轴测轴 X 的直线,使文字部分在图形的空白处,利用"多行文字"命令,添加文字 R8,文字样式为"倾斜-30","文字高度"为"2","倾斜"为"30",其特性如图 4-24 所示。标注完成如图 4-23(d)所示。

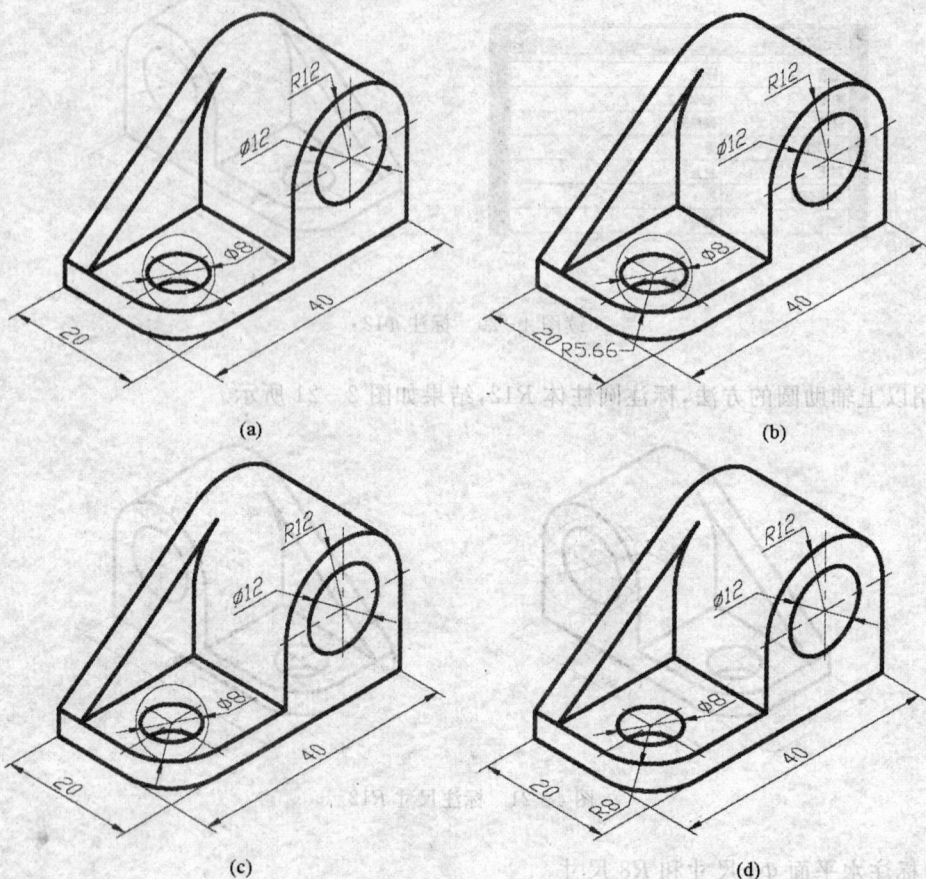

(a)

(b)

(c)

(d)

图 4-23　标注尺寸 R8

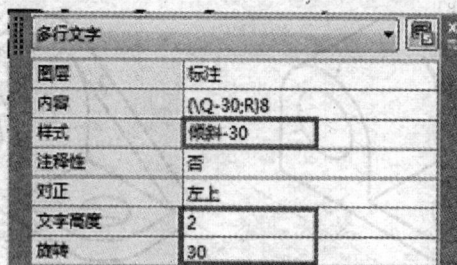

图 4-24　利用"多行文字"修改 R8 特性

　　(5)标注底板高 4 和圆柱体高 24

　　将"倾斜 30"标注样式置为当前,利用"对齐标注"预标注底板高 4,如图 4-25 所示。利用"DIMEDIT"中的"O"选项,将标注尺寸界线倾斜-30°。为清楚显示数字"4",可利用夹持点,将数字"4"拉到外部,如图 4-25(c)所示。

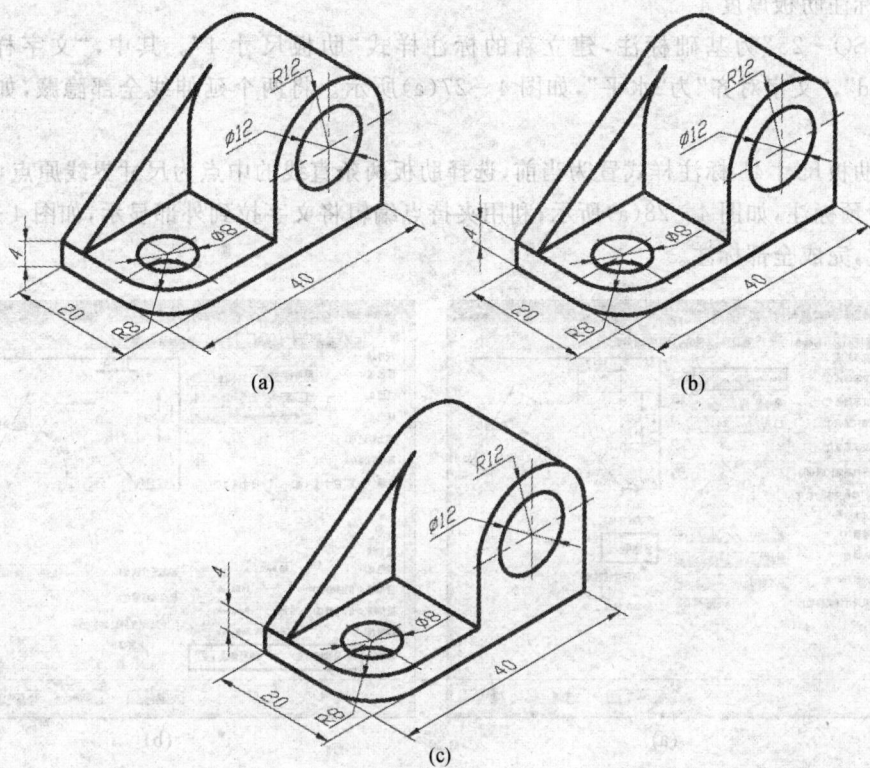

(a)

(b)

(c)

图 4-25　标注底板高度

　　沿圆柱体上节点,平行于 X 轴画直线 CD,D 点与右节点对齐,如图 4-26(a)所示;将标注样式"倾斜-30"置为当前,利用"对齐标注"预标注尺寸 24,如图 4-26(b)所示;利用""DIMEDIT"中的"O"选项,将标注尺寸界线倾斜 30°;利用夹持点编辑,将文字移到尺寸线中间。结果如图 4-26(c)所示。

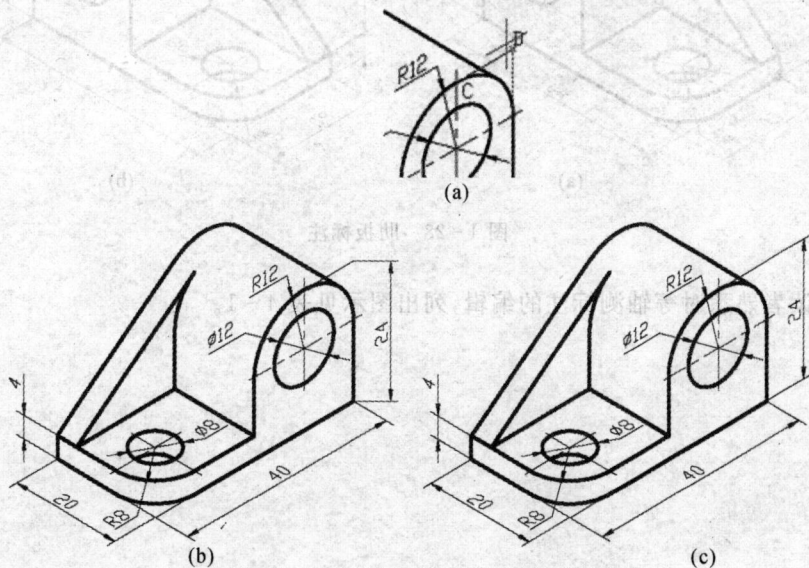

(a)

(b)

(c)

图 4-26　标注圆柱体高度

（6）标注肋板厚度 4

以"ISO - 25"为基础标注，建立新的标注样式"肋板尺寸 4"。其中，"文字样式"设为"Standard"，"文字对齐"为"水平"，如图 4 - 27(a)所示。将两个延伸线全部隐藏，如图 4 - 27(b)所示。

将"肋板尺寸 4"标注样式置为当前，选择肋板两条直线的中点为尺寸界线原点，利用对齐标注进行预标注，如图 4 - 28(a)所示；利用夹持点编辑将文字拉到外部显示，如图 4 - 28(b)所示。至此，完成全部标注。

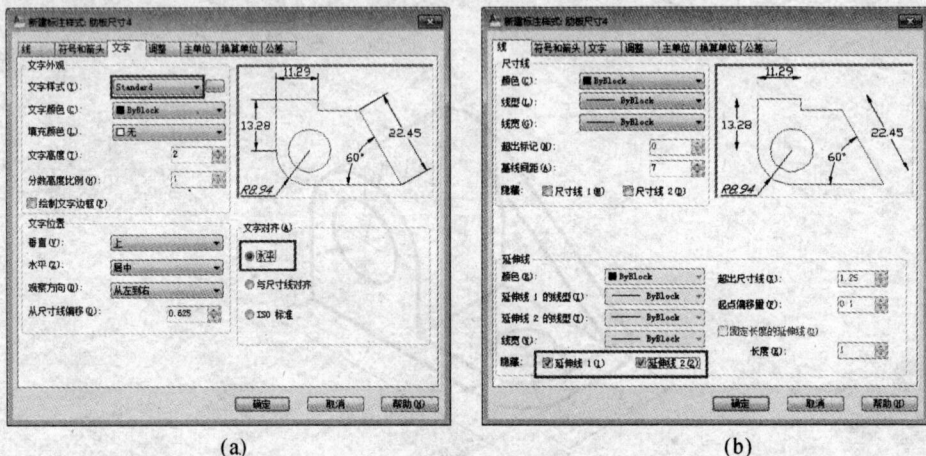

(a)   (b)

图 4 - 27　建立"肋板尺寸 4"标注样式

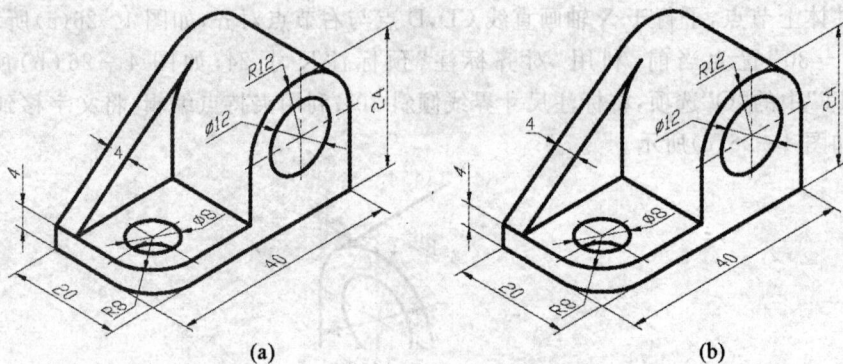

(a)   (b)

图 4 - 28　肋板标注

为帮助读者熟悉对等轴测标注的编辑，列出图示见表 4 - 1。

表 4－1　轴测标注图示

标注项	标注样式	预标注效果	倾斜角度	调整后标注效果
长　度	倾斜－30	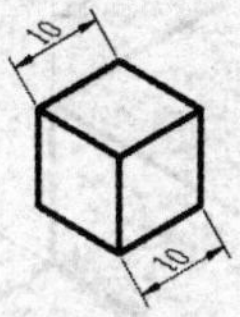	－30°	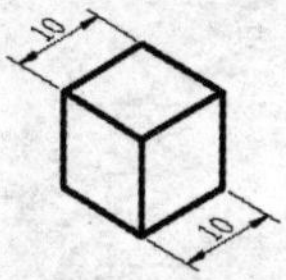
	倾斜 30	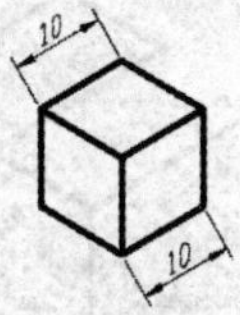	90°	
宽　度	倾斜－30	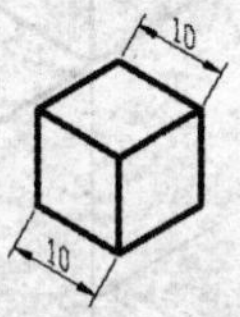	90°	
	倾斜 30	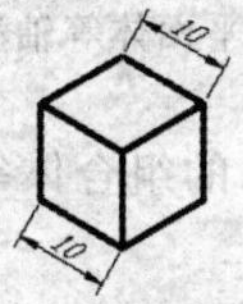	30°	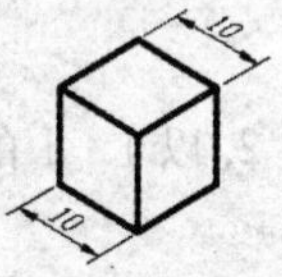
高　度	倾斜 30	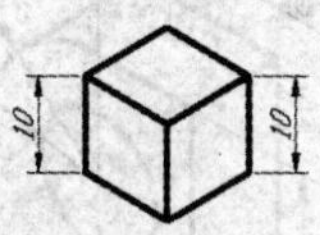	－30°	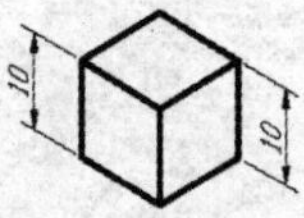
	倾斜－30	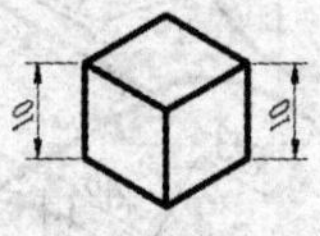	30°	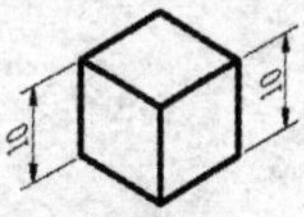

练　习　题

1. 以 1∶1 的比例,绘制如题图 4－1 所示的平面体等轴测图。

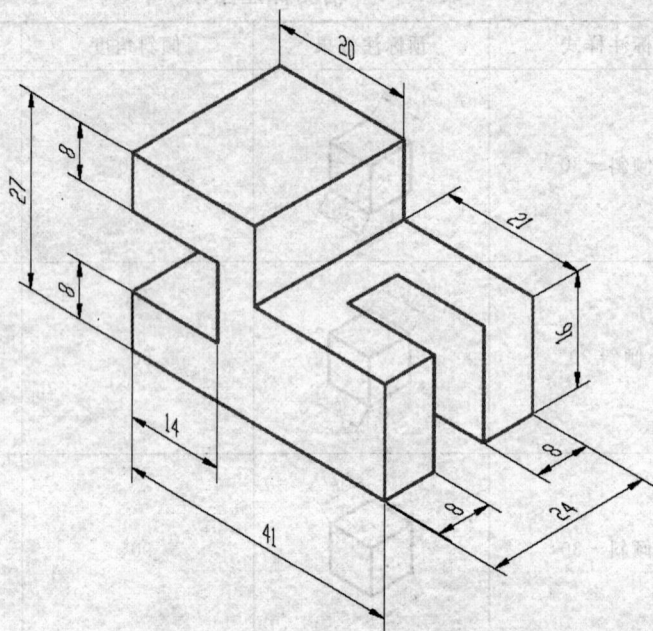

题图 4-1　平面体等轴测图

2. 以 1∶1 的比例,绘制如题图 4-2 所示的组合体等轴测图。

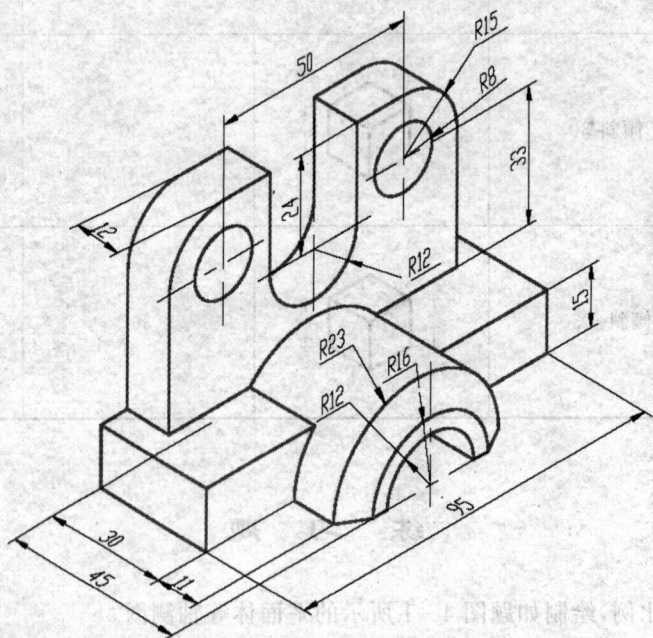

题图 4-2　组合体等轴测图

3. 以 1∶1 的比例,绘制如题图 4-3 所示的组合体等轴测图。

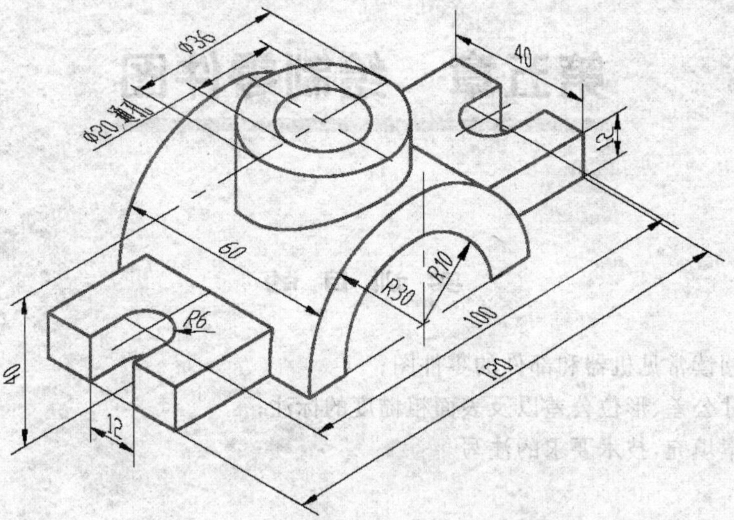

题图 4-3　组合体等轴测图

4.以1:1的比例,绘制组合体等轴测图。

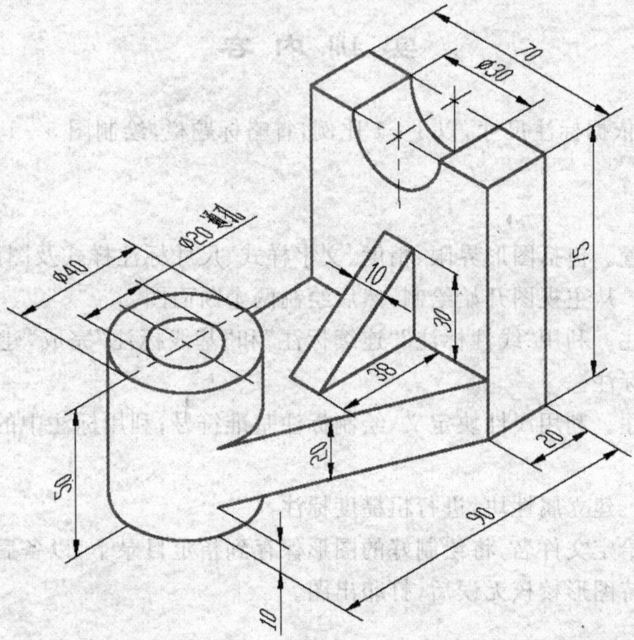

题图　4-4

第五章　绘制零件图

实 训 目 的

1.绘制和阅读常见机器和部件的零件图;
2.掌握尺寸公差、形位公差以及表面粗糙度的标注;
3.掌握图案填充,技术要求的注写。

本 章 说 明

将功能键"DUCS"和"DYN"关闭,"正交""对象捕捉"和"对象追踪"打开。

实 训 内 容

建立 A3 图纸,依据标注尺寸,以 1∶1 比例,省略标题栏,绘制图 5-1 所示零件图。

一、绘图流程

1)绘图环境设置。包括图形界限、精度、文字样式、尺寸标注样式及图层等的设置。

2)图形的绘制。从主视图开始绘制,然后绘制两个断面图。

3)线性尺寸标注。利用"线性标注""连续标注"和"基线标注"完成,建立带公差的标注样式进行断面图上的标注。

4)形位公差标注。利用属性块定义,绘制标注基准符号;利用标注中的"公差"进行形位公差标注。

5)粗糙度标注。建立属性块,进行粗糙度标注。

6)保存图形。给定文件名,将绘制好的图形保存到指定目录下,以备后续查看。

7)打印图形。待图形校核无误后,打印出图。

二、绘图步骤

1.设置图形界限、图层

设置图形界限为 420×297,在 0 层绘制左边为装订边的 A3 图纸边框,外框为细实线,内框为粗实线,装订边间隔为 25mm,其他边间隔为 5mm。图层设置如图 5-2 所示。

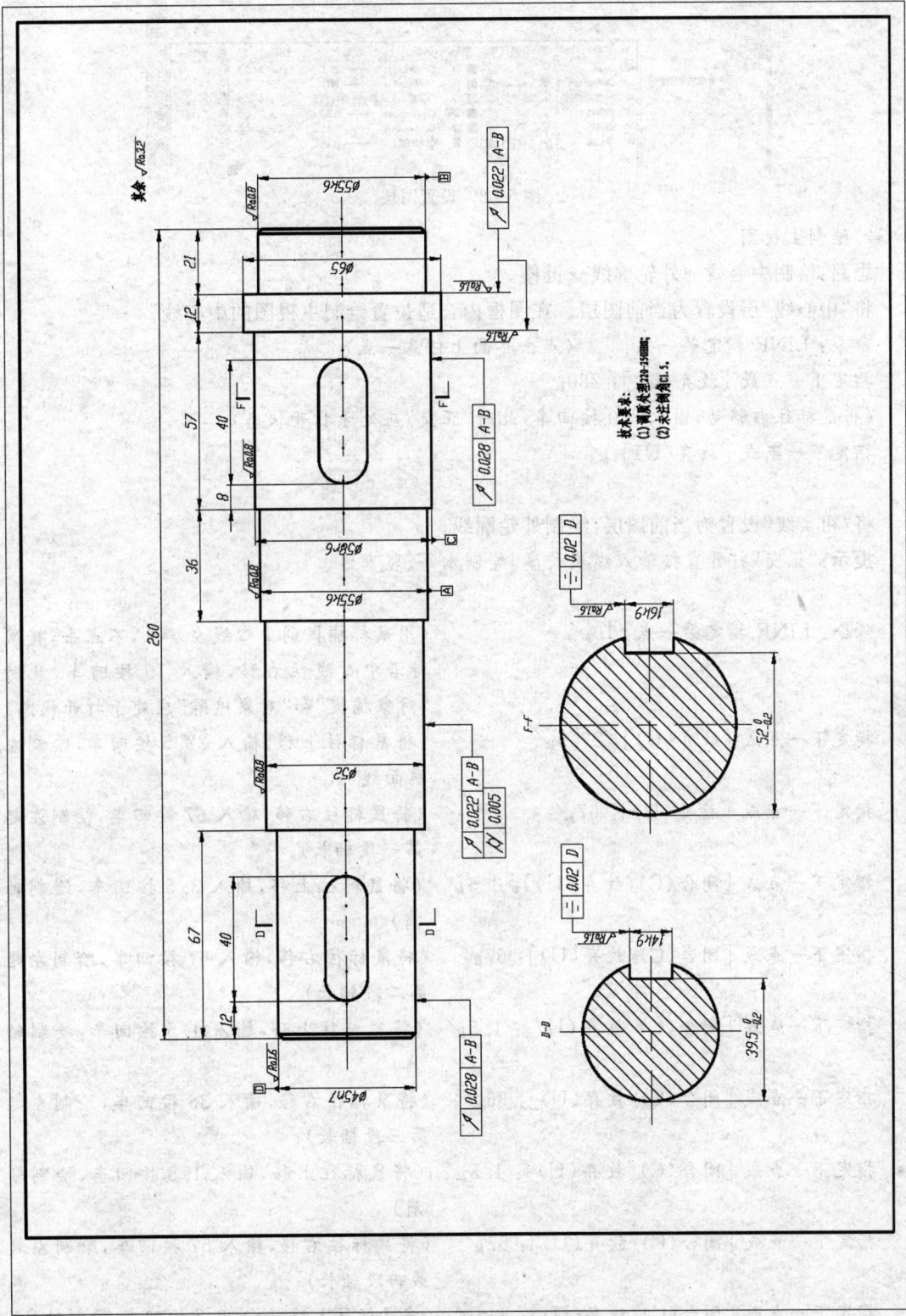

图5-1 零件图

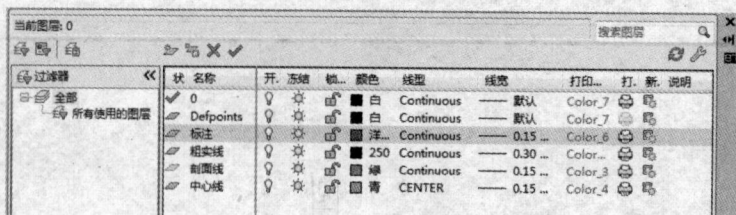

图 5-2 设置图层

2.绘制主视图

思路:绘制中心线→外轮廓线→键槽。

将"中心线"层设置为当前图层。在图框内合适位置绘制主视图的中心线。

命令:LINE 指定第一点： （点击界面上任意一点）

指定下一点或 [放弃(U)]：280✓

（将鼠标往右移动,输入 280 按回车,此时"正交"应处于打开状态）

指定下一点或 [放弃(U)]：✓

将"粗实线"设置为当前图层,绘制外轮廓线。

提示:"正交"打开直接输入线段长度,绘制水平、竖直线。

命令:LINE 指定第一点：10✓ （用鼠标捕捉到中心线左端点,不点击,将鼠标沿中心线往右移,输入 10 按回车,此时"对象捕捉"和"对象追踪"应处于打开状态）

指定下一点或 [放弃(U)]：22.5✓ （将鼠标往上移,输入 22.5 按回车,绘制左端面线 AC）

指定下一点或 [放弃(U)]：67✓ （将鼠标往右移,输入 67 按回车,绘制左起第一段轴长）

指定下一点或 [闭合(C)/放弃(U)]：3.5✓ （将鼠标往上移,输入 3.5 按回车,绘制轴肩）

指定下一点或 [闭合(C)/放弃(U)]：67✓ （将鼠标往右移,输入 67 按回车,绘制左起第二段轴长）

指定下一点或 [闭合(C)/放弃(U)]：1.5✓ （将鼠标往上移,输入 1.5 按回车,绘制轴肩）

指定下一点或 [闭合(C)/放弃(U)]：36✓ （将鼠标往右移,输入 36 按回车,绘制左起第三段轴长）

指定下一点或 [闭合(C)/放弃(U)]：1.5✓ （将鼠标往上移,输入 1.5 按回车,绘制轴肩）

指定下一点或 [闭合(C)/放弃(U)]：57✓ （将鼠标往右移,输入 57 按回车,绘制左起第四段轴长）

指定下一点或 [闭合(C)/放弃(U)]：3.5✓ （将鼠标往上移,输入 3.5 按回车,绘制轴肩）

指定下一点或 [闭合(C)/放弃(U)]：12✓ （将鼠标往右移,输入 12 按回车,绘制左起

第五段轴长）

指定下一点或［闭合(C)/放弃(U)］：5↙　　　　（将鼠标往下移，输入 5 按回车，绘制轴肩）

指定下一点或［闭合(C)/放弃(U)］：21↙　　（将鼠标往右移，输入 21 按回车，绘制左起第六段轴长）

指定下一点或［闭合(C)/放弃(U)］：27.5↙　　（将鼠标往下移，输入 27.5 按回车，绘制右端面线 BD）

指定下一点或［闭合(C)/放弃(U)］：↙

结果如图 5-3 所示。

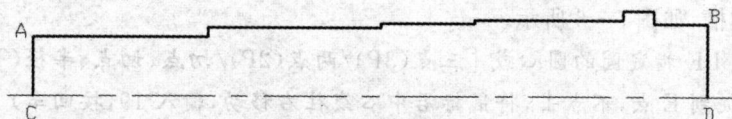

图 5-3　绘制轴轮廓线

用"倒角"命令▱修改 A 端和 B 端，然后用"镜像"命令◭完成外轮廓线。

命令：CHAMFER↙　　　　　　　　　　　　（也可以输入 chamfer 或 cha）

（"修剪"模式）当前倒角距离 1 = 0.0000，距离 2 = 0.0000

选择第一条直线或［放弃(U)/多段线(P)/距离(D)/角度(A)/修剪(T)/方式(E)/多个(M)］：D↙

指定第一个倒角距离 <0.0000>：1.5↙

指定第二个倒角距离 <1.5000>：↙

选择第一条直线或［放弃(U)/多段线(P)/距离(D)/角度(A)/修剪(T)/方式(E)/多个(M)］：　　　　　　　　　　（选择直线 AC）

选择第二条直线，或按住 Shift 键选择要应用角点的直线：（选择 A 点右侧直线）

命令：↙

命令：CHAMFER↙

（"修剪"模式）当前倒角距离 1 = 1.5000，距离 2 = 1.5000

选择第一条直线或［放弃(U)/多段线(P)/距离(D)/角度(A)/修剪(T)/方式(E)/多个(M)］：　　　　　　　　　　（选择直线 BD）

选择第二条直线，或按住 Shift 键选择要应用角点的直线：（选择 B 点左侧直线）

命令：MIRROR　　　　　　　　　　　　　（也可以输入 mirror 或 mi）

选择对象：指定对角点：找到 15 个　　　　（选择除中心线之外的所有线）

选择对象：指定镜像线的第一点：指定镜像线的第二点：（用鼠标捕捉并点击点 C 和 D）

要删除源对象吗？［是(Y)/否(N)］<N>：↙

结果如图 5-4 所示。

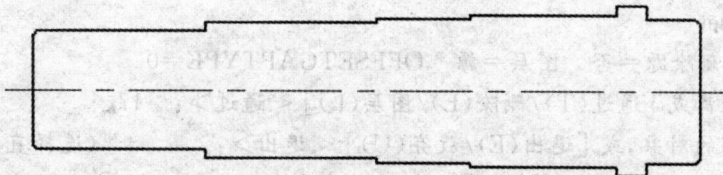

图 5-4　"镜像"完成轴外轮廓线绘制

在"粗实线"层,用"直线"命令绘制所有可见线(共7条直线),得到如图5-5的效果。

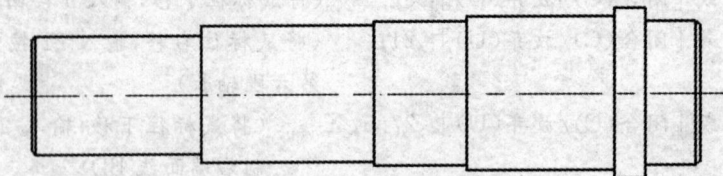

图5-5 完成轴段绘制

绘制两个键槽,如图5-6所示。

命令:CIRCLE 指定圆的圆心或[三点(3P)/两点(2P)/切点、切点、半径(T)]:19✓

(用鼠标捕捉到E点,不点击,将鼠标沿中心线往右移动,输入19,按回车)

指定圆的半径或[直径(D)]:7✓

命令:COPY✓ (也可以输入copy或co)

选择对象:找到1个(选择圆)

选择对象:✓

当前设置: 复制模式 = 多个

指定基点或[位移(D)/模式(O)]<位移>:指定第二个点或<使用第一个点作为位移>:26✓ (打开"正交",点击圆心,将鼠标沿中心线往右移动,输入26,按回车)

指定第二个点或[退出(E)/放弃(U)]<退出>:✓

用"直线"命令将两圆连接成⊖-⊖,再使用"修剪"命令使图形变成⊂-⊃,离F点右侧16处绘制另一个键槽,圆的半径为8,两圆心距离为24,整体效果如图5-6所示。

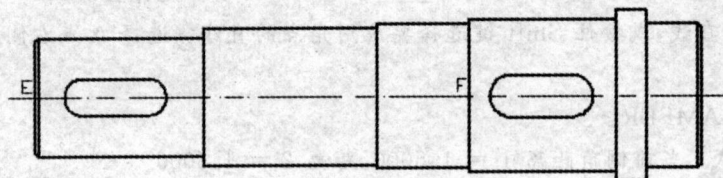

图5-6 绘制两键槽

3.绘制断面图

思路:绘制断面图轮廓线→中心线。

以PQ为直径,绘制圆。

命令:CIRCLE 指定圆的圆心或[三点(3P)/两点(2P)/切点、切点、半径(T)]:(点击O)

指定圆的半径或[直径(D)]<7.0000>: (点击P)

向右偏移PQ直线,偏移距离17。结果如图5-7所示。

命令:_offset

当前设置:删除源=否 图层=源 OFFSETGAPTYPE=0

指定偏移距离或[通过(T)/删除(E)/图层(L)]<通过>: 17✓

选择要偏移的对象,或[退出(E)/放弃(U)]<退出>: (选择直线PQ)

指定要偏移的那一侧上的点,或[退出(E)/多个(M)/放弃(U)]<退出>:(点击直线

PQ 右侧）

　　选择要偏移的对象，或［退出(E)/放弃(U)］＜退出＞：↙　　　　　（结果见图5-7）

　　向下移动刚刚绘制的圆和偏移的直线以及键槽。结果如图5-8所示。

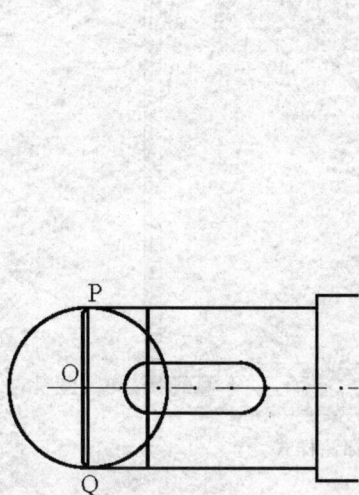

图5-7　在主视图上绘制断面图底稿图　　　　　图5-8　移出绘制的断面图底稿

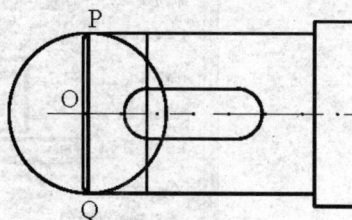

　　用"修剪"和"删除"命令将 ⊖ 修剪成 ⊃，然后绘制中心线使其变成 ⊕。用同样的方法完成另外一个断面图（复制直线时往右移23）。最终结果如图5-9所示。

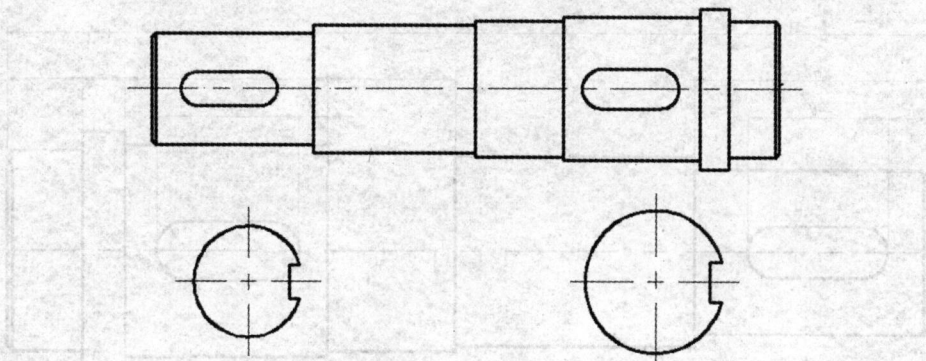

图5-9　完成断面图

4. 标注

　　思路：标注尺寸→形位公差→填充剖面。

　　因键槽剖面视图标注尺寸带有偏差，故需新建带－0.2极限偏差的标注样式。

　　下拉菜单：标注→标注样式，弹出"标注样式管理器"对话框。当前标注样式为"ISO-25"。单击"新建"，弹出"新建标注样式"对话框。在"新样式名"文本框中输入"－0.2"，单击"继续"，弹出"新建标注样式：－0.2"对话框。单击"公差"选项卡，将"公差格式"区域中的"方式"选择"极限偏差"，"下偏差"输入"0.2"，"高度比例"输入"0.7"，"垂直位置"选择"中"，如图5-10所示。单击"确定"，再在"标注样式管理器"对话框中单击"关闭"，即完成下偏差为0.2的"－0.2"标注样式设置。

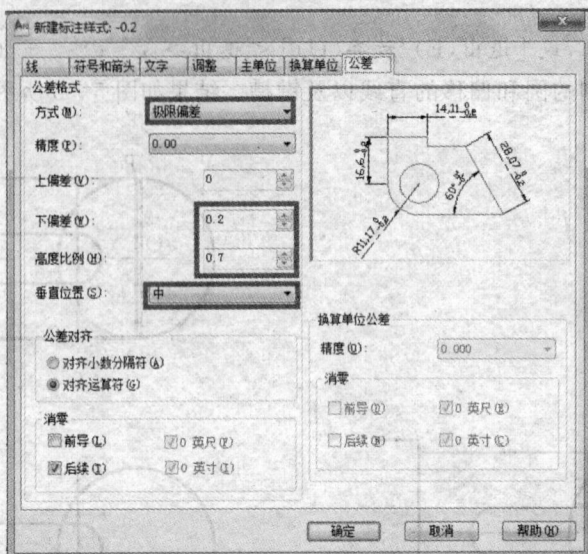

图 5-10　设置"-0.2"标注样式

（1）标注主视图上的尺寸

将"标注"层作为当前层，标注样式为"ISO-25"。

下拉菜单：标注→线性（或者输入"DIMLINEAR"或"DLI"），标注图 5-11 所示的主视图上水平尺寸。

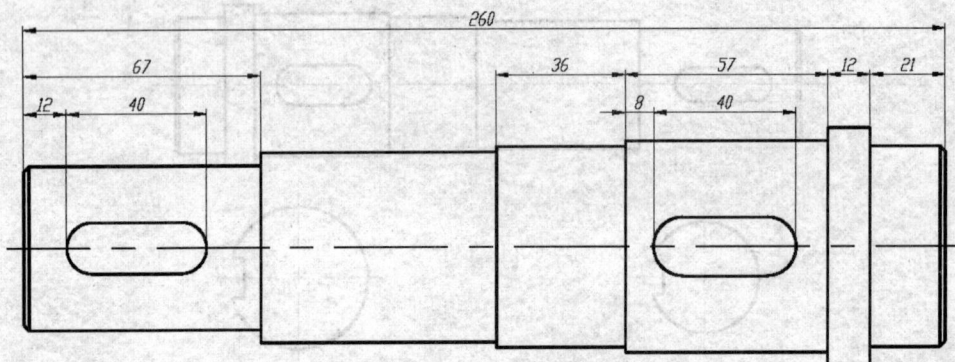

图 5-11　标注主视图水平尺寸

垂直方向上的尺寸都需要添加文字，具体操作步骤：

命令：DIMLINEAR↙　　　　　　　　　　　（也可以输入 dimlinear 或 dli）

指定第一条延伸线原点或 ＜选择对象＞：（单击图 5-12 中的 P 点）

指定第二条延伸线原点：　　　　　　　　（单击图 5-12 中的 Q 点）

指定尺寸线位置或［多行文字（M）/文字（T）/角度（A）/水平（H）/垂直（V）/旋转（R）］：M↙

（输入 M，按"回车"或"空格"键，图形中出现 45，45 前面输入"%%C"，后面输入"n7"，即 Ø45h7，单击界面上任意一点）

— 74 —

指定尺寸线位置或[多行文字(M)/文字(T)/角度(A)/水平(H)/垂直(V)/旋转(R)]:

(点击屏幕中合适的标注位置)

标注文字 = 45 (结果见图 5 - 12)

提示: 双百分号后面的字母可以大写,也可以小写。常用符号及其控制代码见表 5 - 1。

表 5 - 1 常用符号及其控制代码

输入符号	上画线	下画线	上下画线	角度符号(°)	直径符号(Φ)	公差符号(±)
控制代码	%%O	%%U	%%O%%U	%%D	%%C	%%P

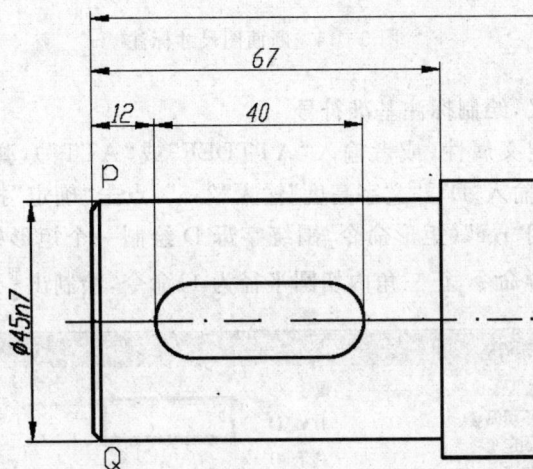

图 5 - 12 垂直尺寸标注

用同样的方法,完成主视图垂直方向上的其他尺寸标注。最终效果如图 5 - 13 所示。

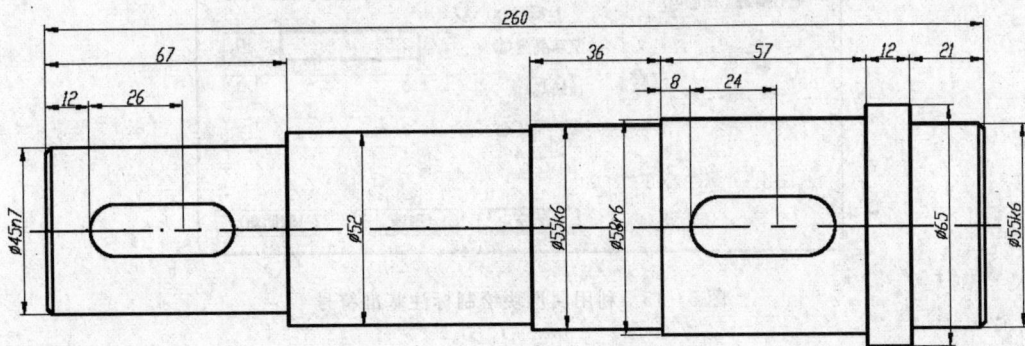

图 5 - 13 完成主视图尺寸标注

(2)标注断面图尺寸

点击状态栏中 ,选择"-0.2"为当前标注样式,标注断面图上的水平尺寸。再将"ISO - 25"设为当前标注样式,完成垂直尺寸标注,如图 5 - 14(a)所示。另一个断面图亦如此。结果如图 5 - 14(b)所示。

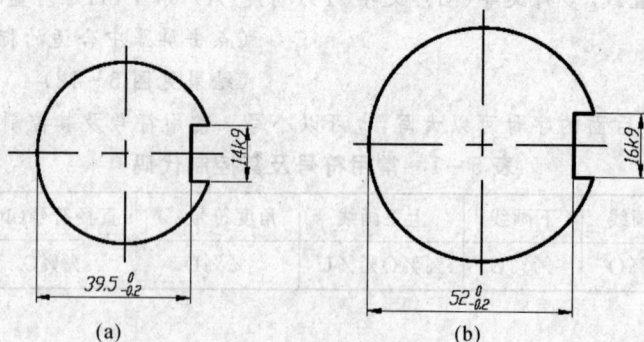

图 5-14　断面图尺寸标注

（3）利用属性块定义，绘制标注基准符号

下拉菜单：绘图块定义属性（或者输入"ATTDEF"或"ATT"），弹出"属性定义"对话框，"属性"区域中的"标记"输入"D"，"文字高度"输入"2.5"，点击"确定"按钮（如图 5-15 所示）。在屏幕空白处点击，使用"rec"（矩形命令，围绕字母 D 绘制一个矩形框）、"l"（直线命令，长度为 3.5）、"pol"（正多边形命令，正三角内切圆半径为 1）命令，绘制出▯形。

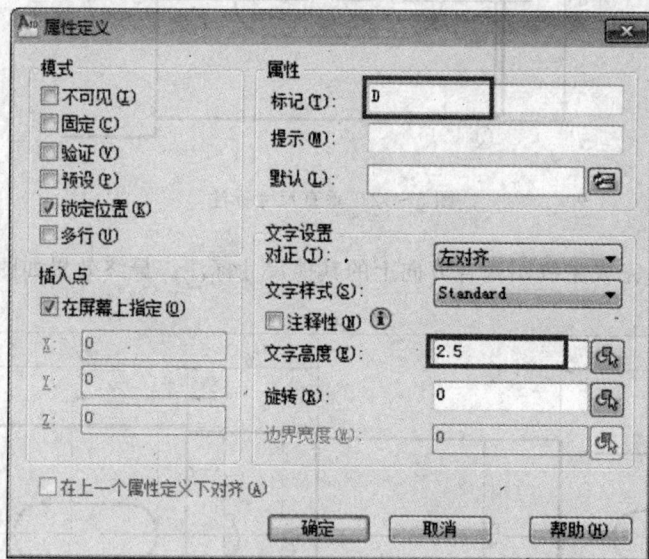

图 5-15　利用属性块绘制标注基准符号

下拉菜单：绘图→图案填充（或者输入"BHATCH"或"H"），弹出"图案填充和渐变色"对话框。"图案填充"选项卡中点击"类型和图案"区域内的"样例"，如图 5-16（a）所示。弹出"填充图案选项板"对话框，选择"SOLID"，单击"确定"按钮，如图 5-16（b）所示。回到"图案填充和渐变色"对话框，选择"边界"区域内的"添加：拾取点"。点取刚画出来的等边三角形内的任一点，按回车，这时又弹出"图案填充和渐变色"对话框，点击"确定"按钮。

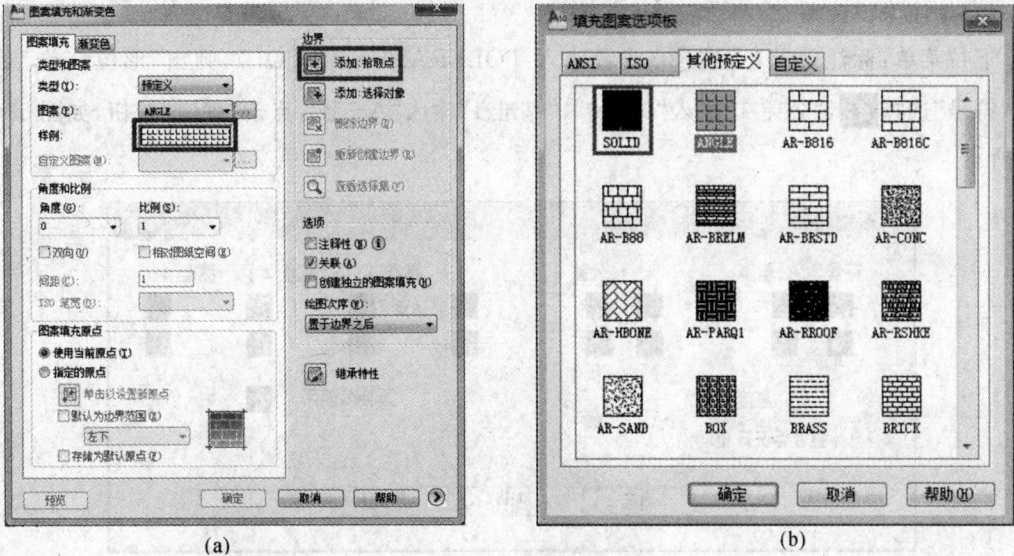

图 5-16 填充"块"

选择整个图形,键盘输入"BLOCK"或"B",弹出"块定义"对话框,"名称"输入"基准",点击 拾取点,用鼠标捕捉并点击等边三角形底的中点,又弹出"块定义"对话框,点击"确定"。弹出"编辑属性"对话框,输入"D",点击"确定"按钮。标注基准符号绘制完成。将其移到图 5-17 所示位置。注意,黑色三角的底边要与尺寸界线重合。用同样的方法插入 A、B、C 基准,结果如图 5-18 所示。

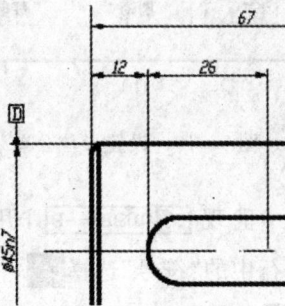

图 5-17 移动标注基准

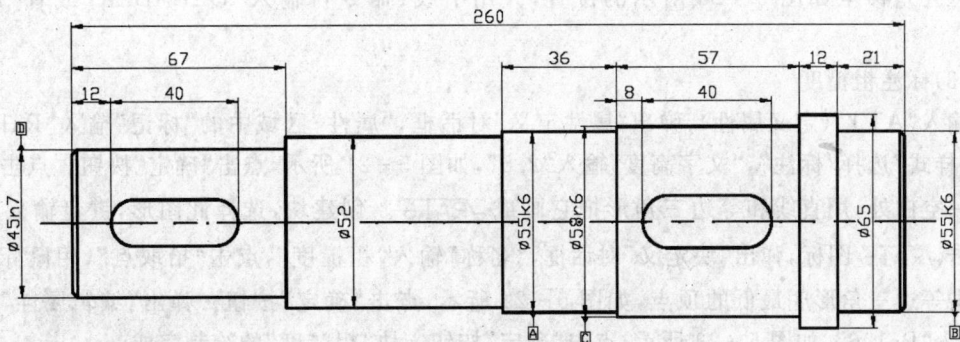

图 5-18 标注基准完成

（4）标注形位公差

下拉菜单：标注公差（点击 ⊞ 或者输入 TOLERANCE 或 TOL），弹出"形位公差"对话框，"符号"选择 ■，"公差1"输入"0.028"，"基准1"输入"A－B"，点击"确定"按钮，如图5－19（a）所示。

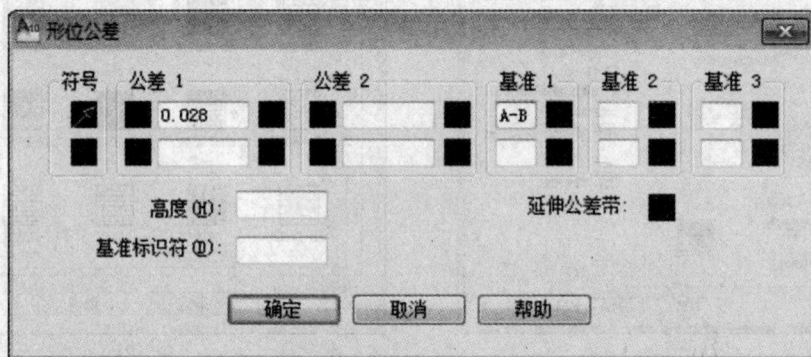

(a)

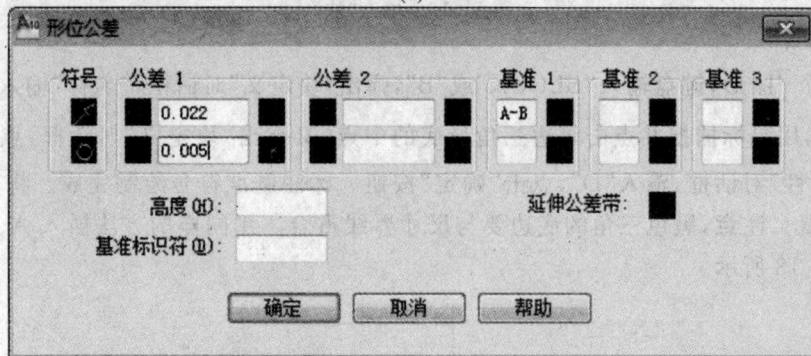

(b)

图5－19　设置形位公差

单击屏幕上的任意空白处，呈现 ⊿0.028 A-B ，用同样的方法画出 ⊿0.022 A-B 、⫣0.02 D ，绘制 ⊿0.022 A-B / 0.005 ，需将上一行中的"符号"选择 ⊿ ，"公差1"输入"0.022"，"基准1"输入"A－B"，下一行中的"符号"选择 ○ ，"公差1"输入"0.005"即可，如图5－19（b）所示。分别将各形位公差移至如图5－20所示的位置，并用引线（命令行输入"QLEADER"或者"LE"）连接。

（5）标注粗糙度

输入"ATT"（定义属性），弹出"属性定义"对话框，"属性"区域中的"标记"输入"Ra1.6"，"文字样式"选择"标注"，"文字高度"输入"2.5"，如图5－21所示，点击"确定"按钮。点击屏幕上任一空白处，用直线和等边三角形把它画成 √RA1.6 。创建块，选择此图形，键盘输入"B"，或点击 √RA1.6 图标，弹出"块定义"对话框，"名称"输入"粗糙度"，点击"拾取点"，用鼠标捕捉并点击等边三角形底最低的顶点，如图5－22所示，点击"确定"按钮。弹出"编辑属性"对话框，输入"Ra1.6"，如图5－23所示，点击"确定"按钮。块"粗糙度"的绘制完成。

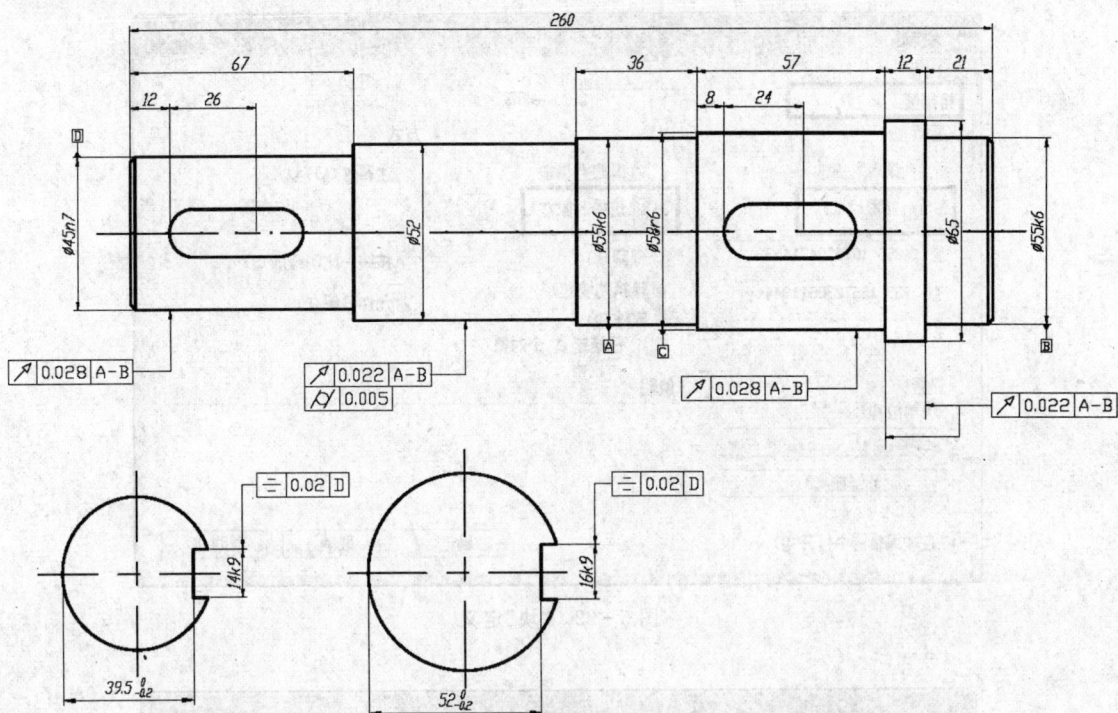

图 5 - 20　完成形位公差标注

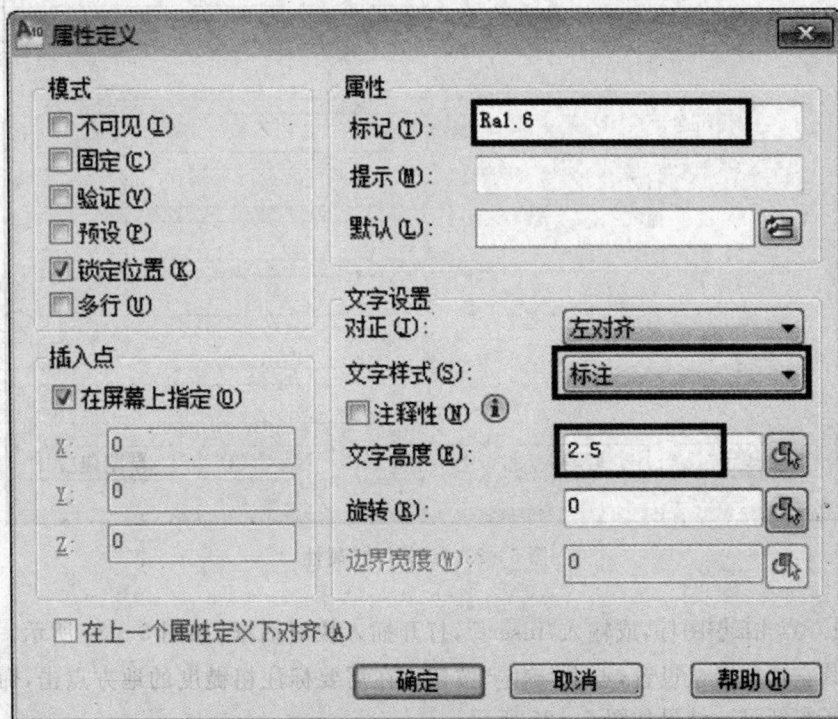

图 5 - 21　"块"的属性定义

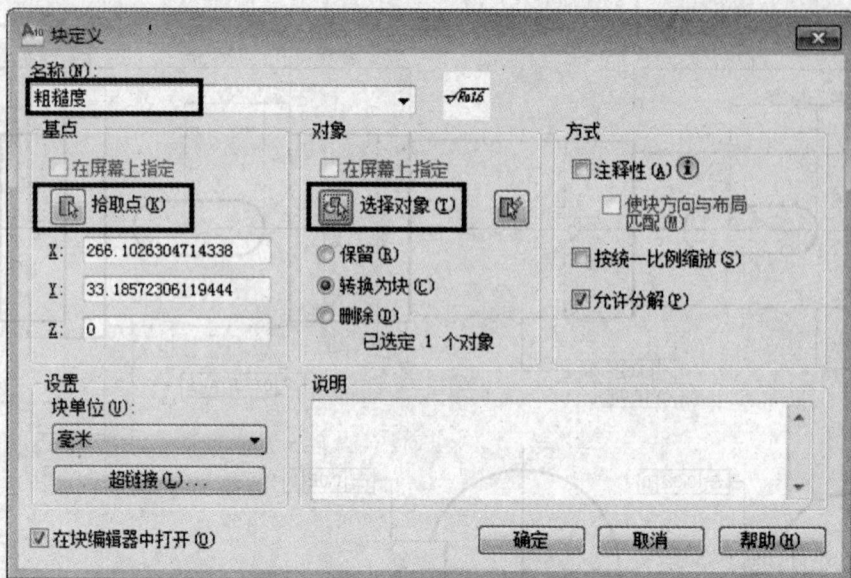

图 5-22　"块"定义

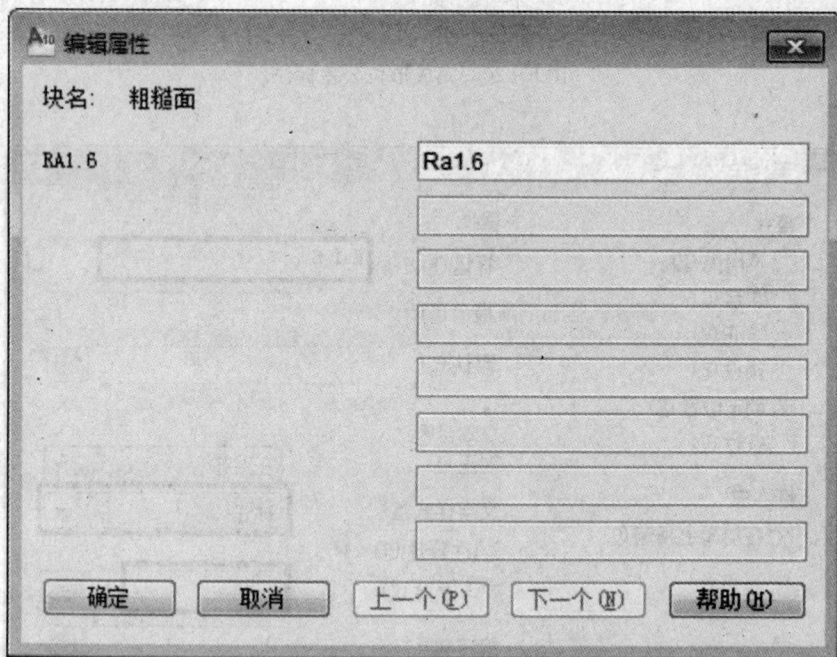

图 5-23　编辑"块"属性

插入块。点击 图标，或输入"insert"，打开插入块对话框，如图 5-24 所示。名称选择"粗糙度"，其它项按默认设置，点击"确定"按钮。在需要标注粗糙度的地方点击，命令行输入粗糙度值，回车即可。结果如图 5-25 所示。

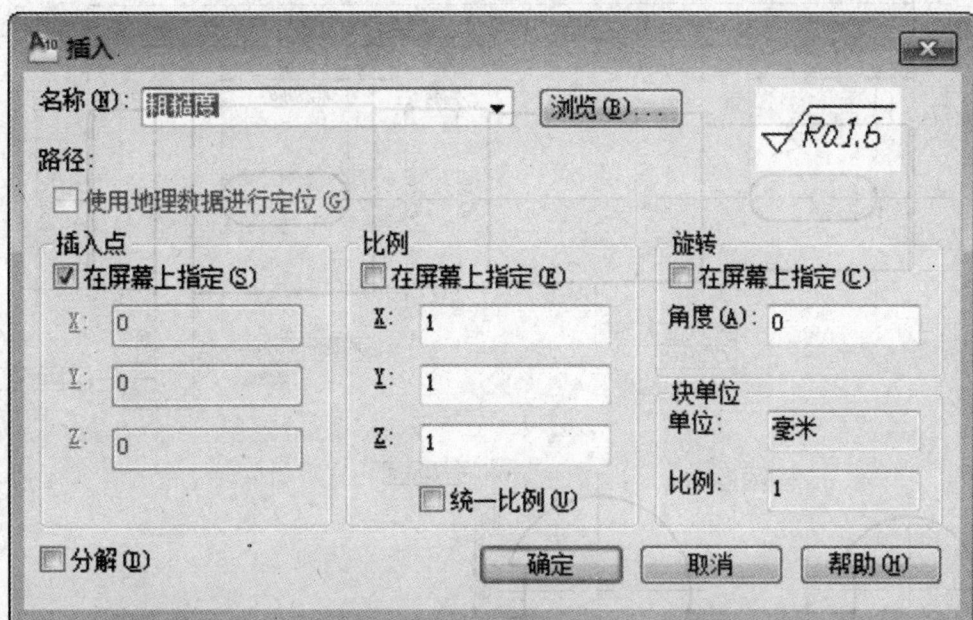

图 5-24 插入"块"

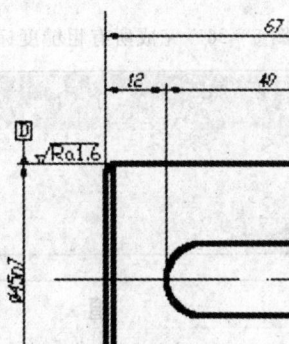

图 5-25 粗糙度标注

注意:粗糙度符号中三角形的顶点应在尺寸界线上。

标注"Ra0.8"和"Ra3.2"的粗糙度,也是利用插入块,在命令行中分别输入"Ra0.8"和"Ra3.2"即可。完成所有粗糙度标注,结果见图 5-26 所示。

绘图技巧:把"Ra1.6"复制到图 5-26 中的各位置,再双击复制的"Ra1.6"字样,弹出"增强属性编辑器"对话框,如图 5-27 所示。在"值(V)"处输入"Ra0.8",按"确定",即可得到"Ra0.8"的粗糙度图形。

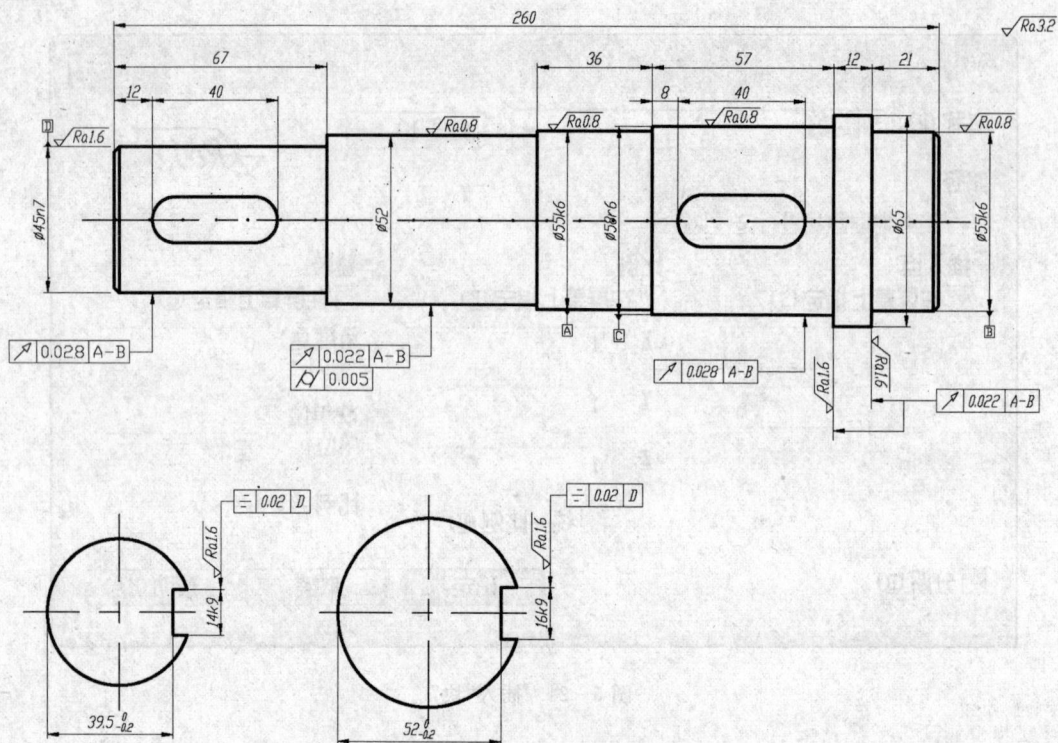

图 5-26　完成所有粗糙度标注

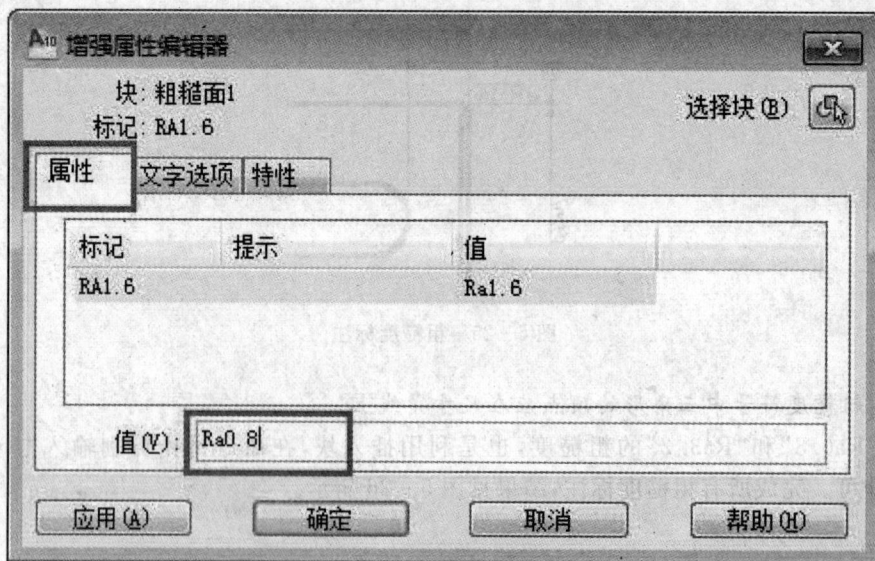

图 5-27　粗糙度属性修改

5.填充剖面

修改当前图层为"剖面线"层,下拉菜单:绘图图案填充(或者输入"BHATCH"或"H"),弹出"图案填充和渐变色"对话框,"图案填充"选项卡中点击"类型和图案"区域内的"图案",选择"ANSI31"。再选择"边界"区域内的"添加:拾取点",分别点击两张剖面图内的任一点,按回车,再点击"确定"按钮。结果如图 5-28 所示。

6. 标注技术要求、剖切符号及其他

利用"直线"命令,在主视图中绘制剖切位置线 D,F。再输入"T"(多行文字命令),输入"技术要求"及"其余"字,结果如图 5-29 所示。

提示:剖切位置线为粗实线,投影方向线为细实线。

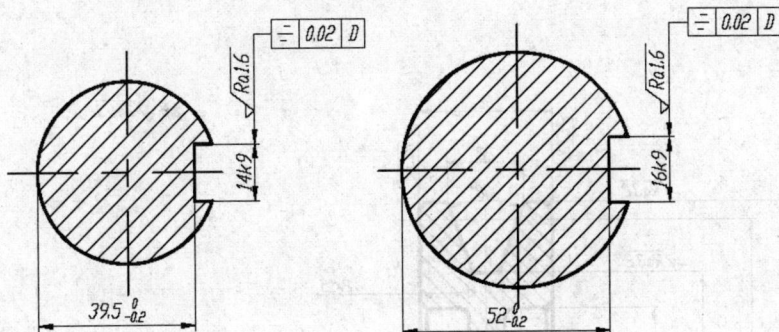

图 5-28 绘制剖面线

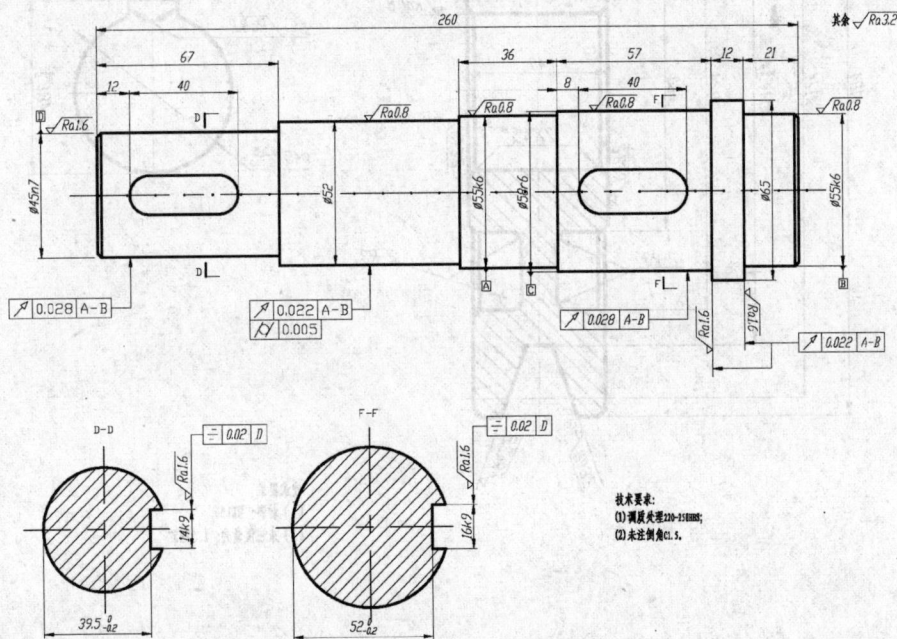

图 5-29 完成的零件图

练 习 题

1. 以 1∶1 的比例,在 A3 图纸上绘制皮带轮零件图,效果如题图 5-1 所示。

2. 以 1∶1 的比例,在 A3 图纸上绘制泵体零件图,效果如题图 5-2 所示。

3. 以 1∶1 的比例,在 A3 图纸上绘制阀门体零件图,效果如题图 5-3 所示。

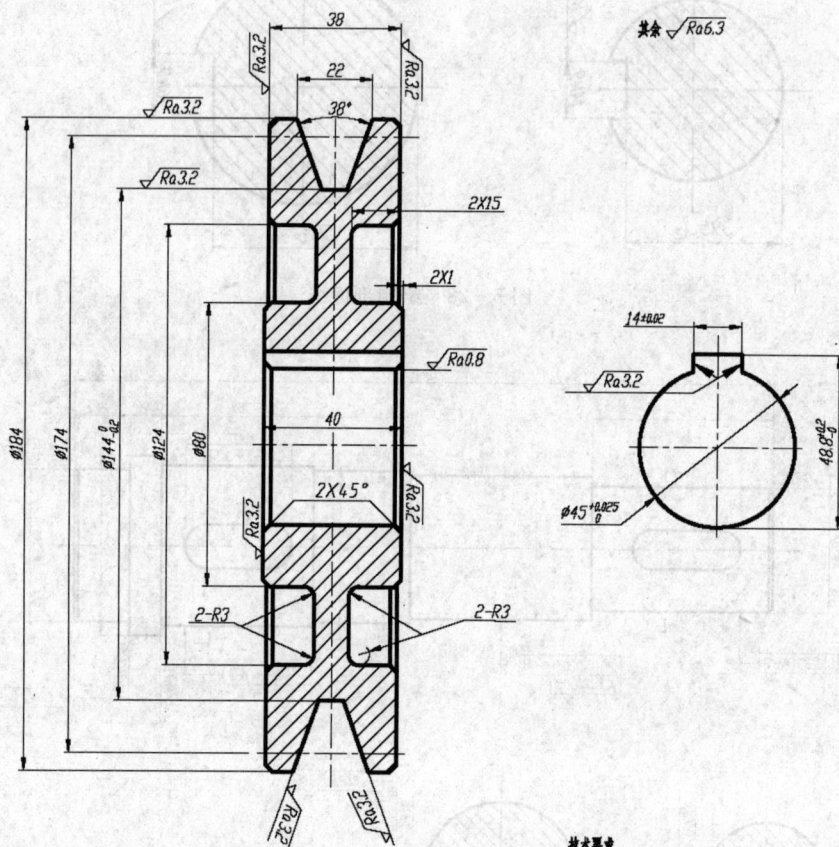

题图5-1 皮带轮零件图

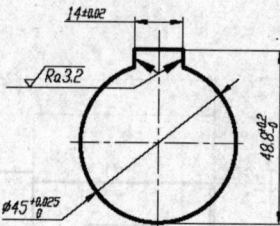

技术要求
(1) 材料: HT150;
(2) 未注倒角为: 1.5X45°

皮带轮		比例			
		材料			
班级		批改		成绩	
制图					
审核					

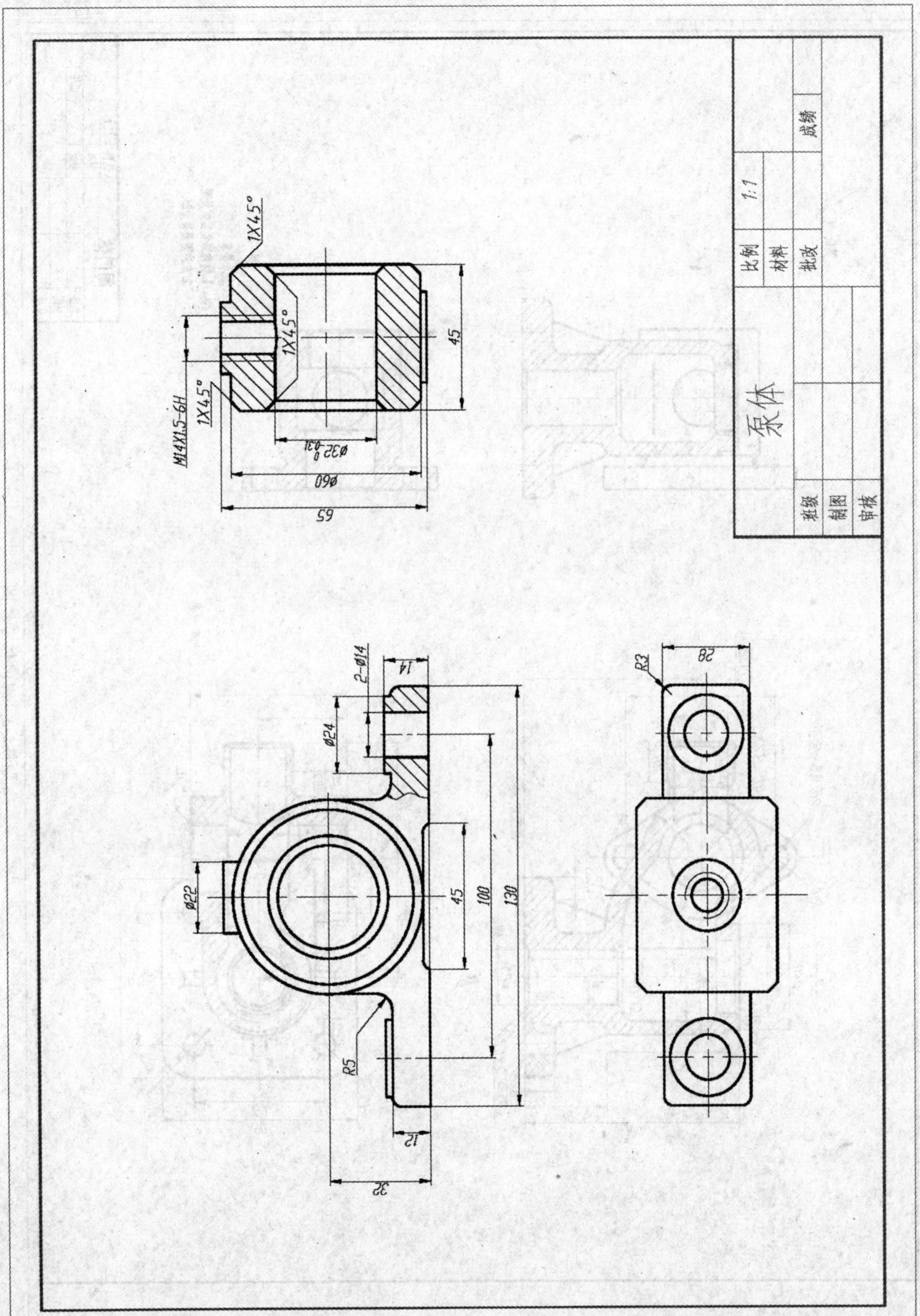

题图5-2　泵体零件图

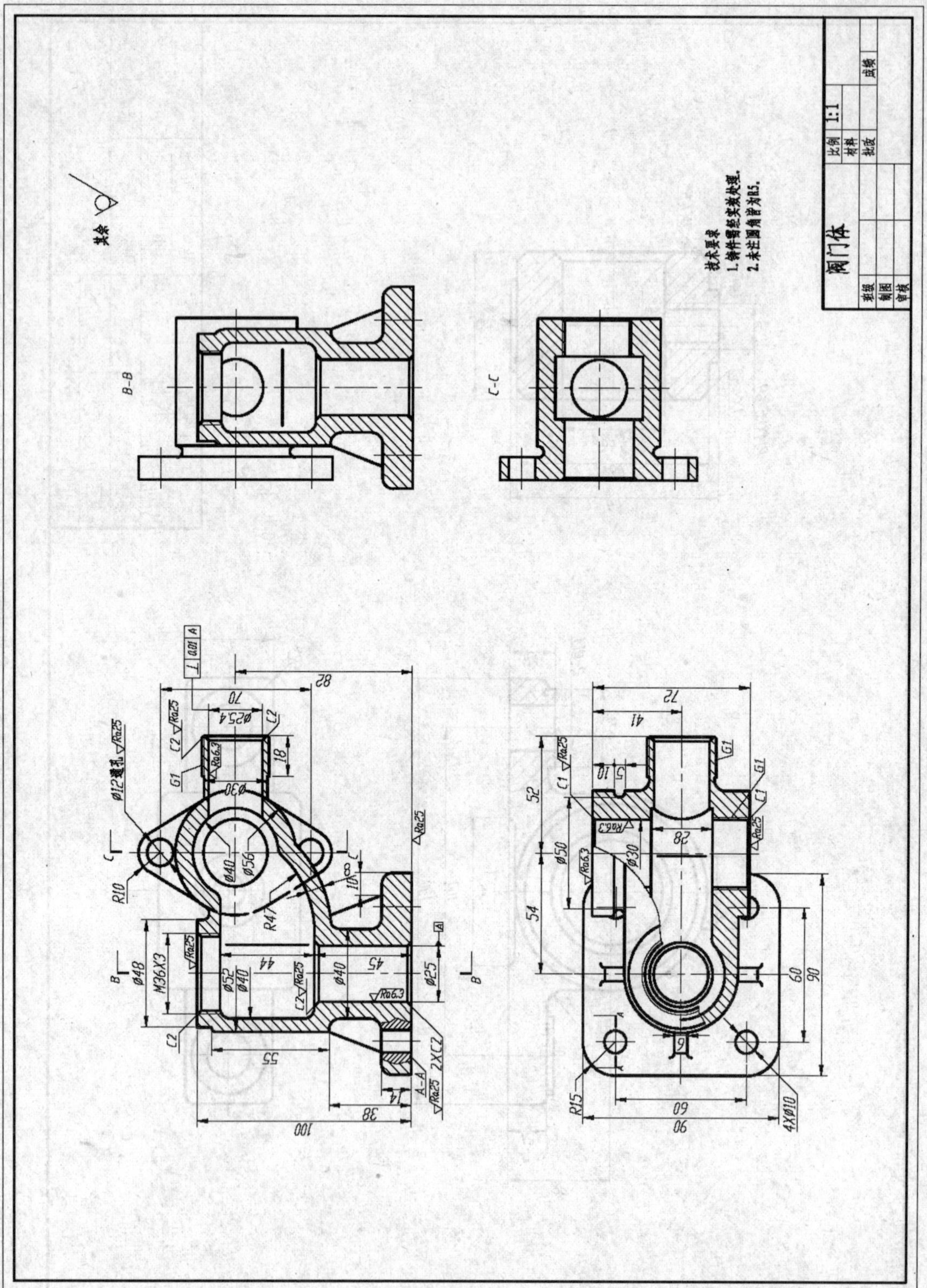

题图5-3 阀门体零件图

第六章 绘制建筑平面图

实 训 目 的

1. 掌握建筑平面图的基础知识。
2. 熟练掌握多线的绘制。
3. 掌握创建属性块的方法。
4. 掌握建筑平面图的绘制步骤。
5. 设置建筑平面图的绘图环境。
6. 绘制辅助定位轴线和墙体。
7. 绘制门窗洞口和插入门窗图块。
8. 布置设施和绘制楼梯。
9. 对建筑平面图进行文字说明。

本 章 说 明

建筑平面图是假想过门窗洞用一水平剖切面将建筑物剖成两半,下面部分在水平面 H 上的正投影图。在平面图中的主要图形包括剖切到的墙、柱、门窗、楼梯,以及看到的地面、台阶、楼梯等剖切面以下的构件轮廓。从平面图中可以看到建筑的平面大小、形状、空间平面布局、内外交通及联系、建筑构配件大小及材料等内容。为了清晰准确地表达这些内容,除了按制图知识和规范绘制建筑构配件平面图形外,还需要标注尺寸及文字说明、设置图面比例等。

预 备 知 识

一、绘制多线

1. 设置多线样式(以建立"240 墙"多线样式为例)

执行菜单栏中的"格式"→"多线样式"命令,弹出"多线样式"对话框,如图 6-1(a)所示。单击"新建"按钮,在弹出的"创建新的多线样式"对话框,输入新样式名"240 墙",如图 6-1(b)所示。

单击"继续"按钮,弹出"新建多线样式"对话框,选择起点和端点均封口,点击"图元"下的偏移值,偏移量首行设为"120",第二行设为"-120"如图 6-2 所示。

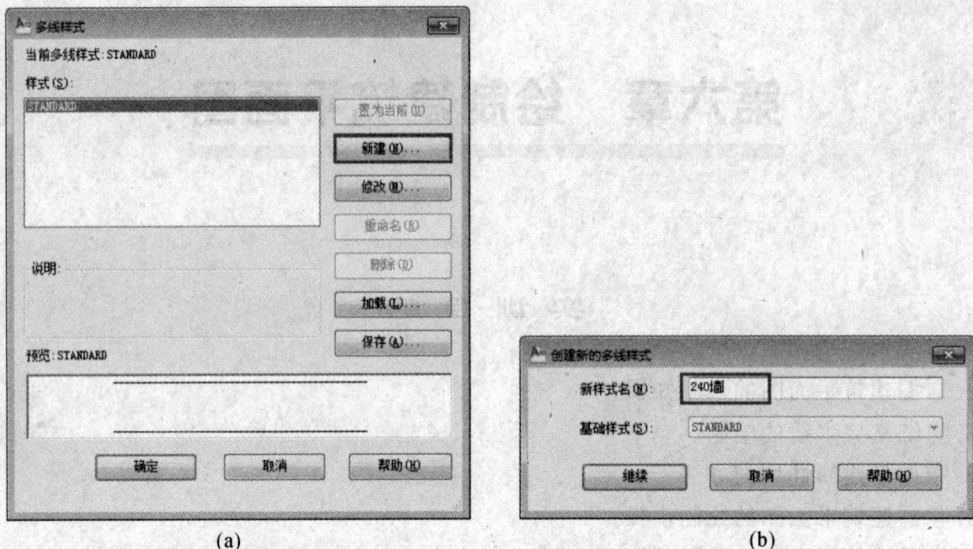

(a)　　　　　　　　　　　　　　(b)

图 6-1　新建多线样式

图 6-2　设置多线样式

　　单击"确定"按钮,返回"多线样式"对话框,在"样式"列表栏中选择多线样式"240墙",将其"设置为当前",如图 6-3 所示。

　　2.绘制墙线

　　执行菜单栏中的"绘图"→"多线"命令,绘制墙线。

命令:_mline　　　　　　　　　　(或在命令行中输入"ml",执行多线命令)

当前设置:对正 = 上,比例 = 20.00,样式 = 240 墙

指定起点或 [对正(J)/比例(S)/样式(ST)]: j↙

输入对正类型 [上(T)/无(Z)/下(B)] <上>: z↙　　(将"对正类型"修改为"无")

当前设置:对正 = 无,比例 = 20.00,样式 = 240 墙

指定起点或 [对正(J)/比例(S)/样式(ST)]: s↙

输入多线比例 <20.00>： 1✓

当前设置：对正 = 无,比例 = 1.00,样式 = 240 墙

指定起点或［对正(J)/比例(S)/样式(ST)］：

指定下一点：✓

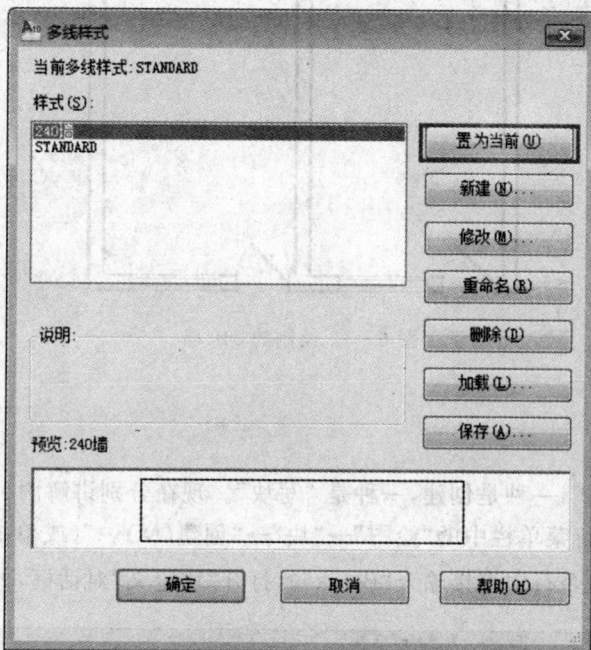

图 6-3 将多线样式"240 墙"设置为当前

3. 编辑多线

执行菜单栏中的"修改"→"对象"→"多线"命令,打开"多线编辑工具"对话框,如图 6-4 所示,对多线进行编辑。比如,修改墙角,选择"角点结合";修改外墙和内墙垂直相交的情况,选择"T 形打开";修改两墙体垂直相交的情况,选择"十字打开"。

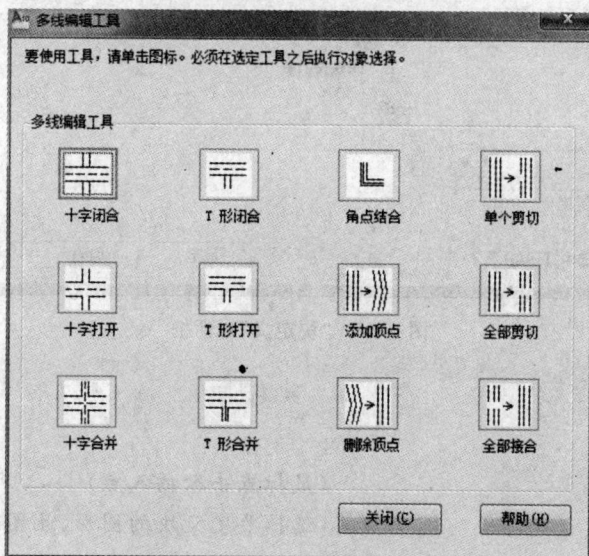

图 6-4 "多线编辑工具"对话框

画出的 240 墙体对象如图 6-5 所示。

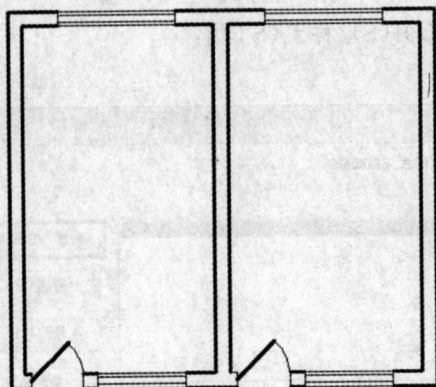

图 6-5　绘制的 240 墙

二、定义块

定义块有两种方式，一种是创建，一种是"写块"。现在分别讲解两种方式。

1)"创建块"。执行菜单栏中的"绘图"→"块"→"创建（M)…"（或单击绘图工具栏中的"创建块"按钮 ⬚ ，或在命令行中直接输入"Block"），打开"块定义"对话框，如图 6-6 所示。

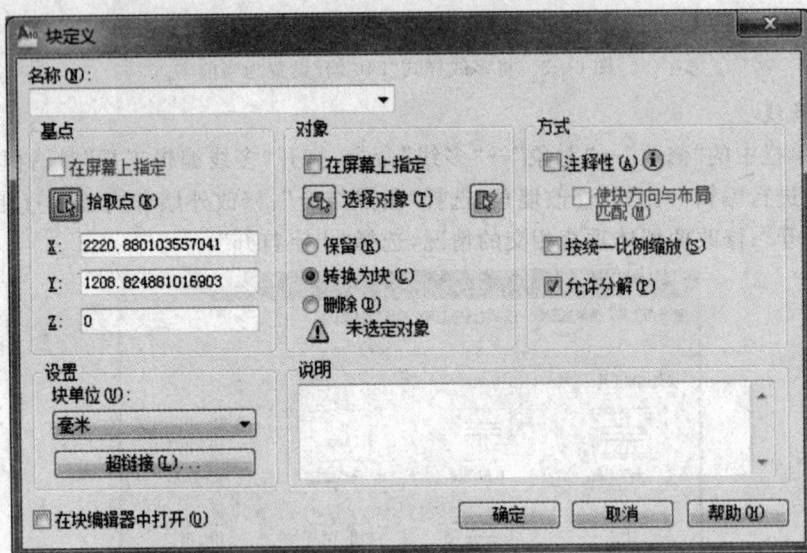

图 6-6　"块定义"对话框

操作格式：

命令：_block ↙

指定插入基点：　　　　　　　　　　　（鼠标点击欲插入点）

选择对象：　　　　　　　　　　（选择要定义块的图形，此图形已提前绘制好）

选择对象：↙

2)"写块"(以"轴线编号"图块为例)。

首先绘制轴号,单击"绘图"工具栏中的"圆"按钮,绘制一个直径为 800mm 的圆(因建筑平面图比例为 1:100,轴线圆直径也扩大 100 倍,即为 800mm),在圆的上面象限点绘制高 1700mm 的竖直线段(见图 6-9(a))。

命令:_circle 指定圆的圆心或 [三点(3P)/两点(2P)/切点、切点、半径(T)]:

(在命令行中输入 C,按回车或空格键)

指定圆的半径或 [直径(D)]:d↙

指定圆的直径:800↙

命令:_line 指定第一点:　　　　　(打开"对象捕捉",捕捉到圆上面象限点)

指定下一点或 [放弃(U)]:　<正交 开> 1400↙

指定下一点或 [放弃(U)]:↙

提示:如果圆上的象限点无法捕捉,鼠标放在"对象捕捉"功能键上,点击鼠标右键,选择"设置",打开"草图设置"对话框。在"对象捕捉"选项卡中选择"象限点"即可,如图 6-7 所示。

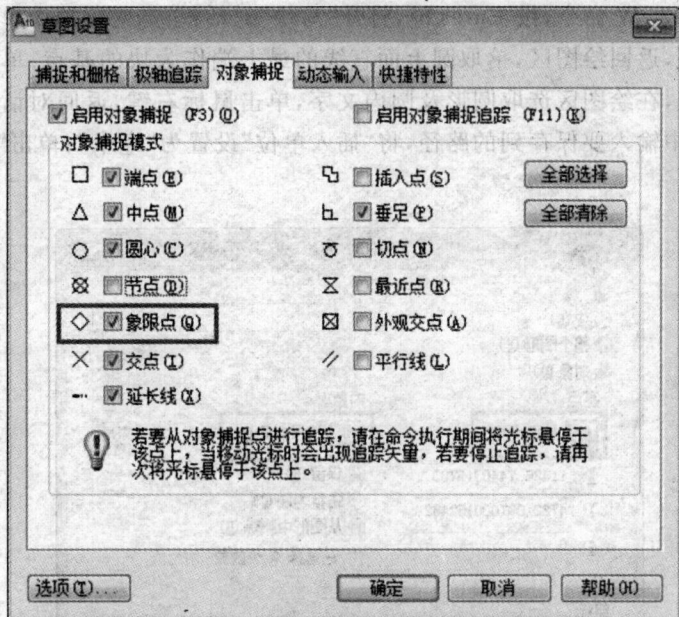

图 6-7 对象捕捉象限点

执行菜单栏中的"绘图"→"块"→"定义属性"命令,弹出"属性定义"对话框,在对话框中的"标记"标记文本框中输入 X,表示所设置的属性名称是 X;在"提示"文本框中输入"请输入轴线编号:",表示插入块时的"提示符";将"对正"设置为"中间",文字样式设置为"standard","文字高度"设置为 400,如图 6-8 所示。

单击"确定"按钮,用鼠标拾取所绘制圆的圆心,按 Enter 键,结果如图 6-9(b)所示。

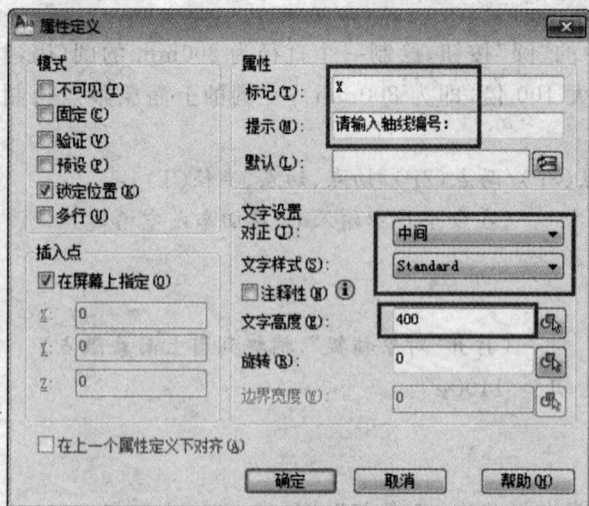

图 6-8 轴号块"属性定义"

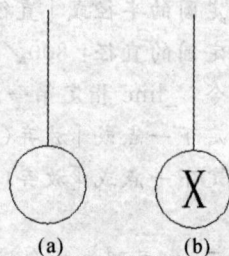

图 6-9 绘制带属性轴号

在命令行中输入 W 命令,按 Enter 键,打开"写块"对话框,在对话框中单击"基点"选项组中的"拾取点"按钮,返回绘图区,拾取圆上面直线的最上端作为块的基点;单击"对象"选项组的"选择对象"按钮,在绘图区选取圆形及圆内文字,单击鼠标右键,返回对话框,在"文件名和路径"下拉列表框中输入要保存到的路径,将"插入单位"设置为"毫米";单击"确定"按钮,如图6-10 所示。

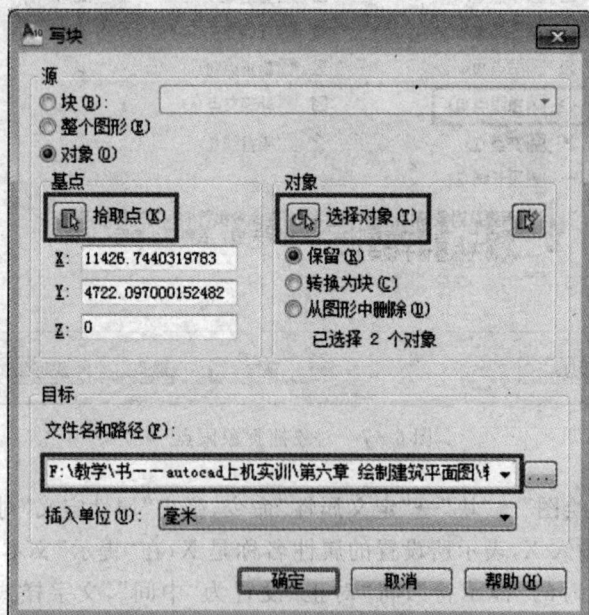

图 6-10 "写块"对话框

实 训 内 容

以"二～八层平面图"绘制过程为例,讲解建筑平面图的绘制方法和技巧。图形如图6-11所示。

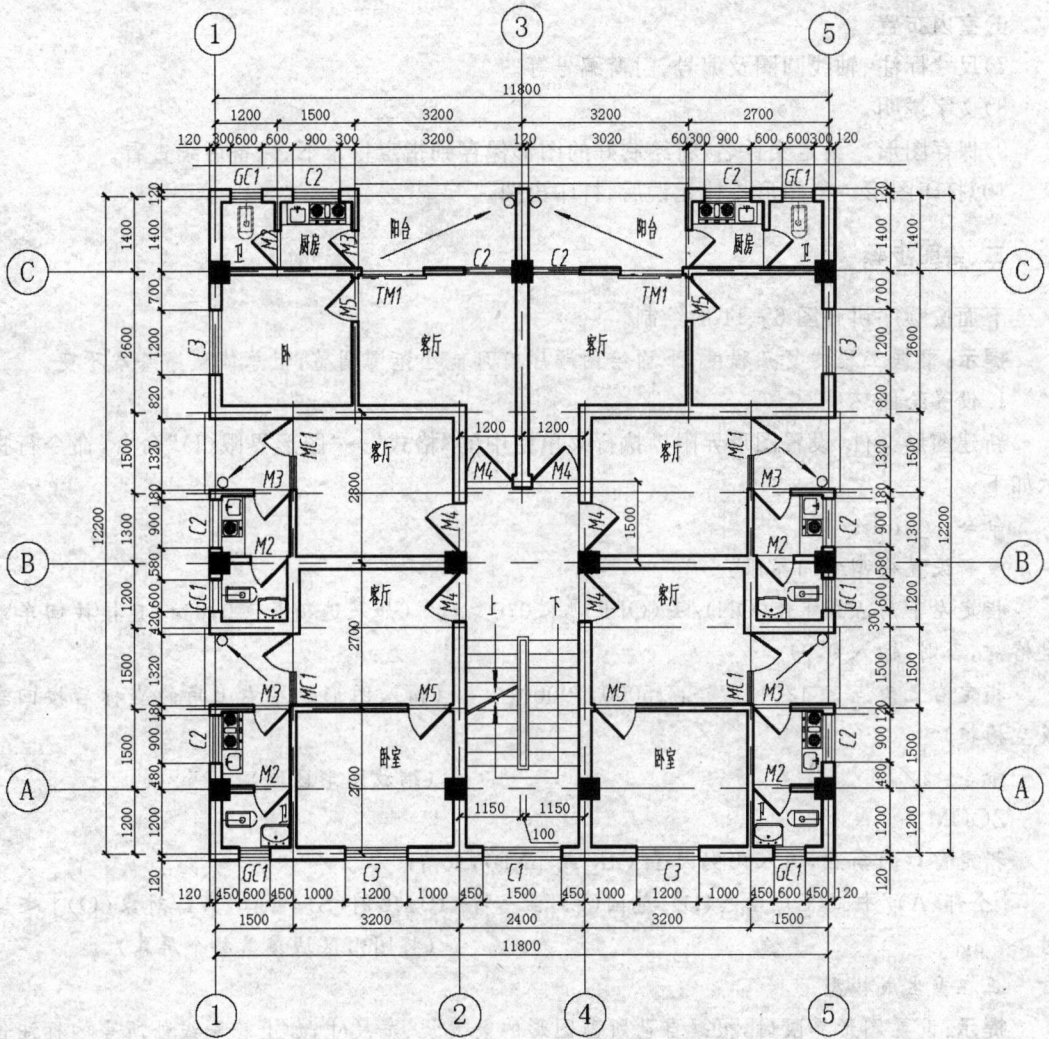

二～八层平面图　1:100

厨房标高:H-0.030　厕所标高:H+0.300　阳台标高:H-0.050
H=4.800,7.800,10.800,13.800,16.800,19.800,22.800,25.800

图 6-11　标准层平面图

一、绘图流程

1)绘图环境设置。包括图形界限、精度、文字样式、尺寸标注样式及图层等的设置。

2)轴线绘制。

3)墙线绘制。利用"多线"绘制墙线。

4)柱绘制。

5)绘制细部,如门窗、阳台、台阶、卫生间等。

6)室内布置。

7)尺寸标注、轴线圆圈及编号、门窗编号等。

8)文字说明。

9)保存图形。给定文件名,将绘制好的图形保存到指定目录下,以备后续查看。

10)打印图形。待图形校核无误后,打印出图。

二、绘图步骤

下面按顺序讲解图 6-11 的绘制。

提示:根据工程的复杂程度,下面绘图顺序有可能小范围调整,但总体顺序基本不变。

1. 设置绘图环境

新建图形文件,设置图形界限。执行菜单栏中的"格式"→"图形界限(I)"命令,命令行提示如下:

命令:`_limits

重新设置模型空间界限:

指定左下角点或 [开(ON)/关(OFF)] <0,0>:↙(如果选项为<0,0>,直接按回车或空格键,否则,输入 0,0)

指定右上角点 <420,297>: 15000,40000↙ (输入图形边界右上角的坐标后按回车或空格键)

命令:z↙ (缩放图形区域)

ZOOM

指定窗口的角点,输入比例因子 (nX 或 nXP),或者

[全部(A)/中心(C)/动态(D)/范围(E)/上一个(P)/比例(S)/窗口(W)/对象(O)] <实时>:a↙ (将图形区域覆盖整个屏幕)

正在重生成模型。

提示:设置图形界限时,根据自己所画图形的最大长、宽尺寸,加上轮廓线外所需的标注位置,确定图形界限的大小。坐标中的逗号必须在英文输入状态下输入。

设置图形单位。执行菜单栏中的"格式"→"单位"命令,打开"图形单位"对话框。设置"长度"选项组中的"类型"为"小数","精度"为"0";"角度"选项组中的"类型"为"十进制度数","精度"为"0";"插入式时的缩放单位"为"毫米",系统默认逆时针方向为正,单击"确定"按钮,完成单位的设置,如图 6-12 所示。

设置默认线宽。执行菜单栏中的"格式"→"线宽(W)…",打开"线宽设置"对话框,将默认线宽设为 0.15mm,选中"显示线宽",调整显示比例到二、三线之间,如图 6-13 所示。单击

"确定"按钮,完成默认线宽设置。

设置图层。单击"图层特性管理器"按钮 🖧,打开"图层特性管理器"对话框,依次创建平面图中的图层,如轴线、墙线、楼梯、门窗、设备、标注和文字等,并将"轴线"图层置为当前,如图 6-14 所示。

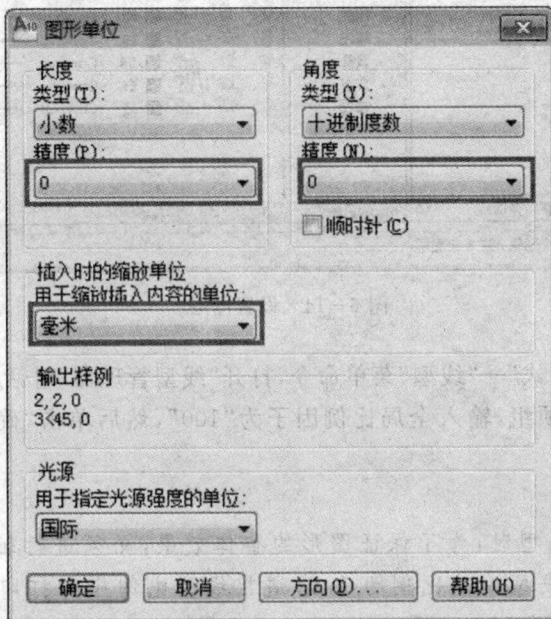

图 6-12 设置图形单位

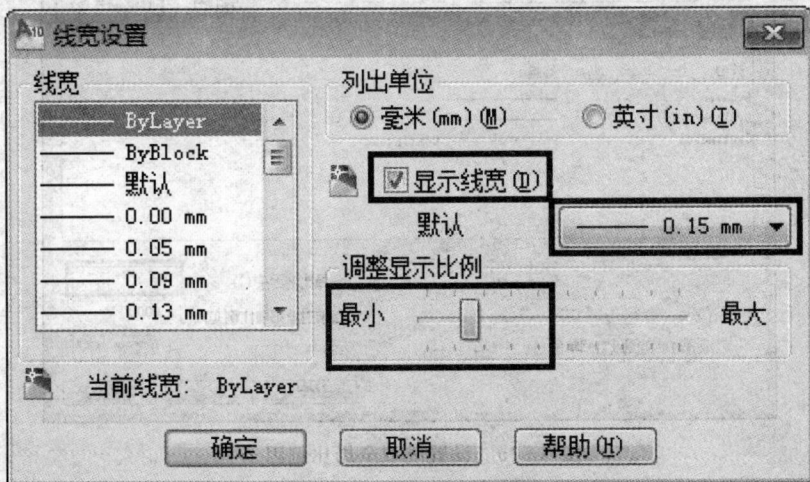

图 6-13 默认线宽设置

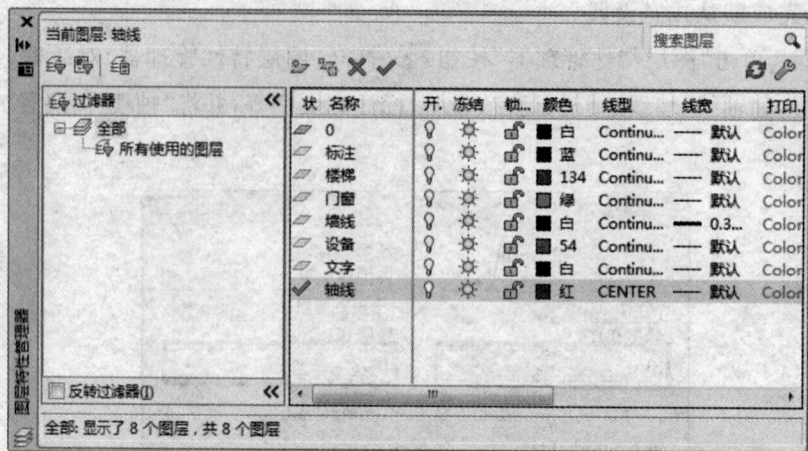

图 6-14　设置图层

　　执行菜单栏中的"格式"→"线型"菜单命令,打开"线型管理器"对话框,单击"显示细节"按钮,打开"详细信息"选项组,输入全局比例因子为"100",然后单击"确定"按钮,如图 6-15所示。

　　提示:在设置轴线线型时,为了保证图形的整体效果,必须进行轴线线型比例的设定。AutoCAD 默认的全局线型缩放比例为 1.0,通常线型比例应和打印协调,如打印比例为1∶100,则线型比例大约为 100。

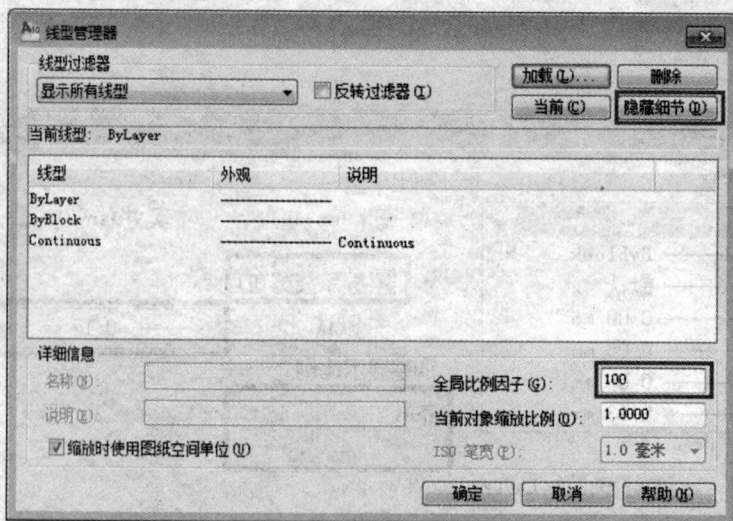

图 6-15　设置线型全局比例因子

　　绘图技巧:在绘制 CAD 图时,为避免由于软件的不稳定导致的已绘制图形丢失,在 AutoCAD 中可做如下设置,将 AutoCAD 中自动保存文件的功能激活:选择"工具"下拉菜单,单击"选项"(或在命令行中输入"config",单击回车键),弹出"选项"对话框。单击"打开和保存"选项卡,在"文件安全措施"框中选中"自动保存"复选框,根据个人需要输入"保存间隔分钟数";

另外,可以在"文件保存"中设置 dwg 文件的保存版本;然后单击"确定"按钮,完成设置,如图 6 -16 所示。

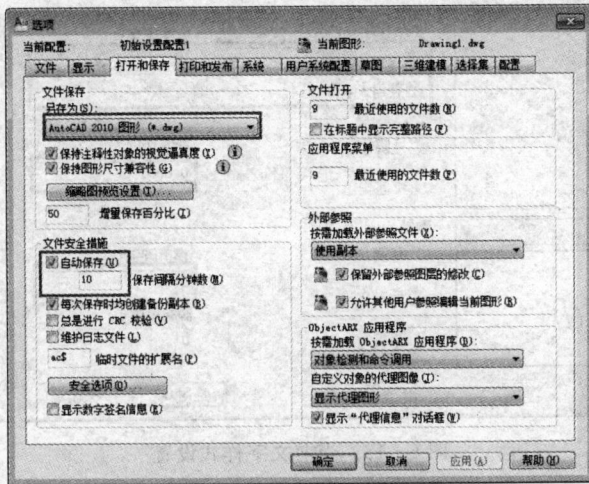

图 6-16 "自动保存"设置

设置文字样式。执行菜单栏中的"格式"→"文字样式"菜单命令,打开"文字样式"对话框,如图 6-17(a)所示;单击"新建"按钮将打开"新建文字样式"对话框,样式名定义为"建筑文字",单击"确定"按钮,如图 6-17(b)所示。

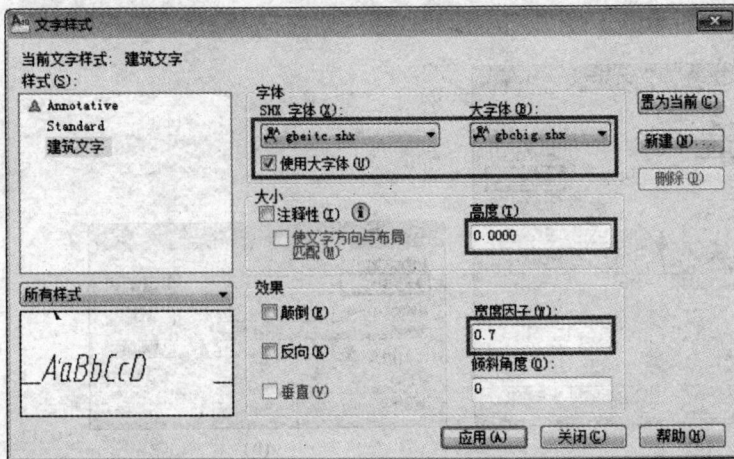

(a)

(b)

图 6-17 建立新的文字样式

返回"文字样式"对话框,在"字体"下拉列表框中选择字体名"gbeitc. shx",选中"使用大字体"复选框,并在"大字体"下拉列表框中选择"gbcbig. shx"字体,在"高度"文本框中不输入数值(这样可保证后续使用不同大小的字体),"宽度因子"文本框中输入"0.7",将其"置为当前"或单击"应用"按钮将其置为"当前文字样式",最后单击"关闭"按钮,从而完成该文字样式的设置,如图 6-18 所示。

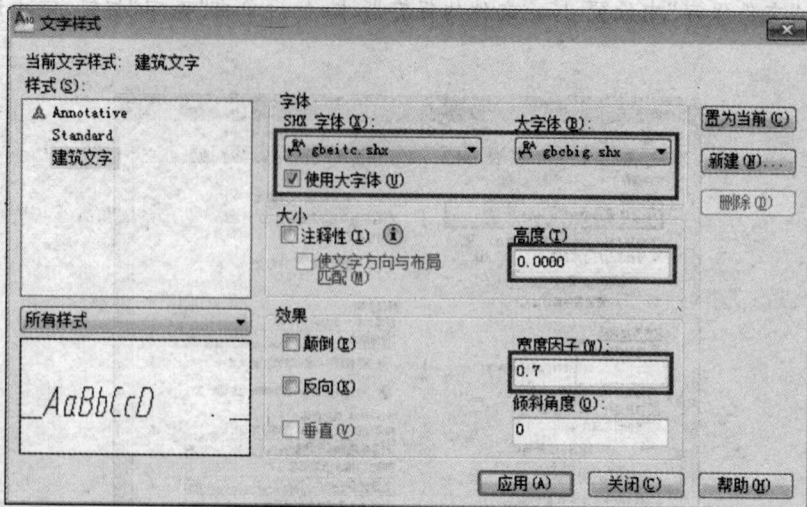

图 6-18　当前文字样式设置

说明："gbeitc. shx"是国标长仿宋体的字体文件,大字体是 AutoCAD 专门为亚洲国家设置的,在"大字体"下方列表中选择"gbcbig. shx",它可以标注中文、英文,还可标注特殊符号。

用同样方法建立"建筑数字"文字样式,"字体"设为"txt. shx","宽度因子"设为"1"。

执行菜单栏中的"格式"→"标注样式"菜单命令,打开"标注样式管理器"对话框,单击"新建"按钮,如图 6-19(a)所示;打开"创建新标注样式"对话框,新建样式名定义为"建筑标注",单击"继续"按钮,如图 6-19(b)所示。

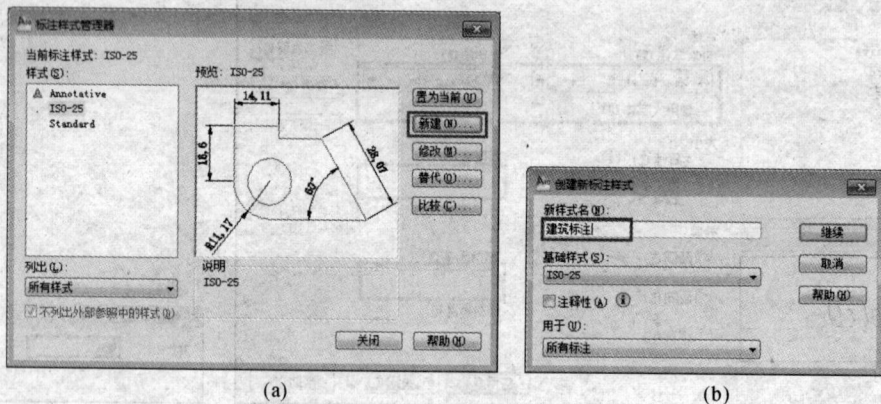

(a)　　　　　　　　　　　　　　　(b)

图 6-19　新建"建筑标注"标注样式

在"新建标注样式"对话框中,分别设置相应的参数。其中,在"符号和箭头"选项卡设置"箭头"的"第一个"和"第二个"为斜线形式,在"文字"选项卡设置"文字高度"为 3.5,文字样式为"建筑数字",在"调整"选项卡,"标注特征比例"中"使用全局比例因子"设为 100,结果如图 6-20所示。

单击"确定"按钮,返回"标注样式管理器"对话框,将"建筑标注"标注样式"置为当前"。

保存图形。执行菜单栏中的"文件"→"保存"菜单栏命令(或单击"标准"工具栏中的"保存"按钮 ⏷ ），文件名为"二～八层平面图"，完成保存图形文件。

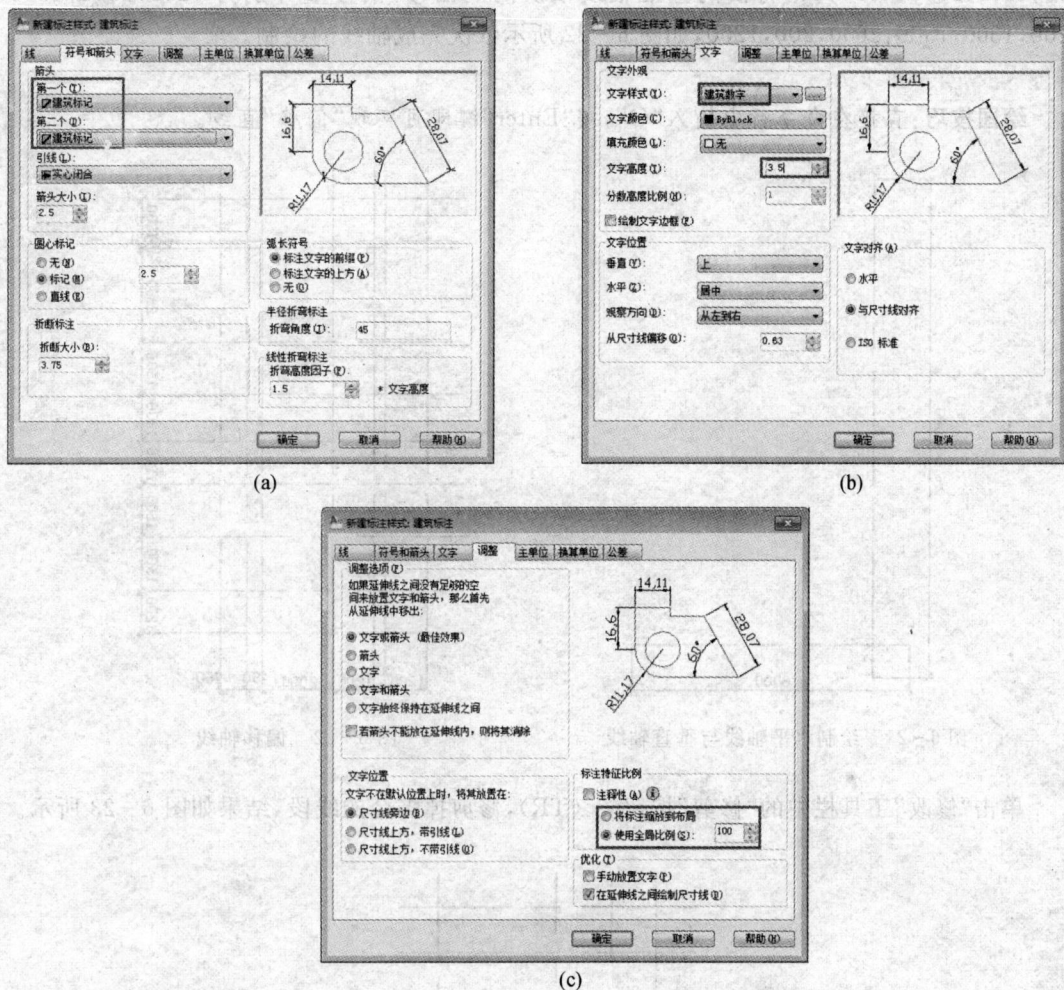

(a)

(b)

(c)

图6-20　"建筑标注"标注样式的参数设置

2.绘制建筑定位轴线

建筑轴线是在绘制建筑平面图时布置墙体和门窗的依据，同样也是建筑施工定位的重要依据。AutoCAD中绘制轴线，主要使用的绘图命令是"直线"和"偏移"命令。

设置"轴线"特性。在"图层"下拉列表中选择"轴线"图层，将其设置为当前图层，按F8键切换到"正交"模式。

绘制轴线。单击"绘图"工具栏中的"直线"按钮，在图形窗口中，指定一点作为起始点，绘制长度为8000mm的水平轴线和14000mm的垂直轴线，如图6-21所示。

绘图技巧：绘制直线是绘图中最常用的命令，快捷方式是直接在命令行输入"L"（大小写均可），按空格或回车键，执行画直线命令。

提示：为了使读者能有更形象的理解，本章将在需要的地方加上标注数字。

单击"修改"工具栏中的"偏移"按钮,将纵向基准线依次向右偏移,偏移量分别为1200, 300,1200,2000,450,750,将横向基准轴线依次向上偏移,偏移量分别为1200,1500,1500, 1200,1300,1500,2600,200,1200,如图6-22所示依次完成轴线的绘制。

绘图技巧:直接在命令行中输入"O",按"Enter"键即可实现"偏移"直线。

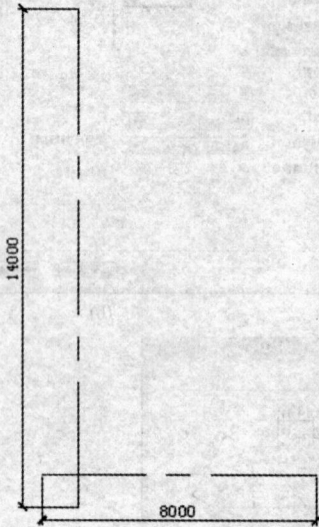

图 6-21 绘制水平轴线与垂直轴线

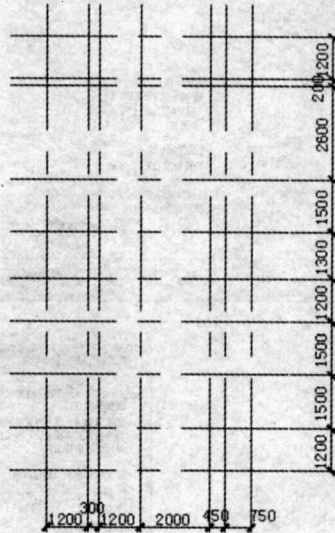

图 6-22 偏移轴线

单击"修改"工具栏中的"修剪"按钮╱（TR),修剪掉多余的线段,结果如图6-23所示。

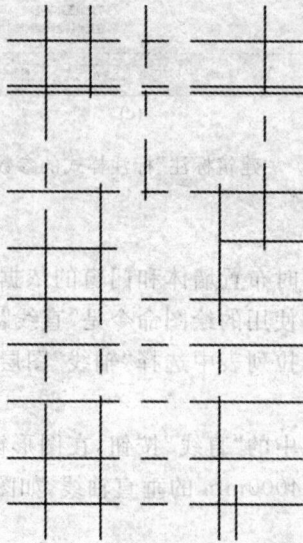

图 6-23 修剪多余的轴线

3.绘制墙体

在建筑平面图中,墙体用双线表示,一般采用轴线定位的方式,以轴线为中心,具有很强的对称关系。单击菜单栏中的"绘图"→"多线"命令,直接绘制墙线。

提示:当墙体要求填充成实体颜色时,也可以单击"绘图"工具栏中的"多段线"按钮直接绘制,将线宽直接设置为墙厚即可。

定义多线样式。在前面"预备知识"中我们已经讲过了定义多线的方法,故此处不再赘述,直接将定义好的"240 墙"置为当前,绘制墙体宽度为 240 的墙。

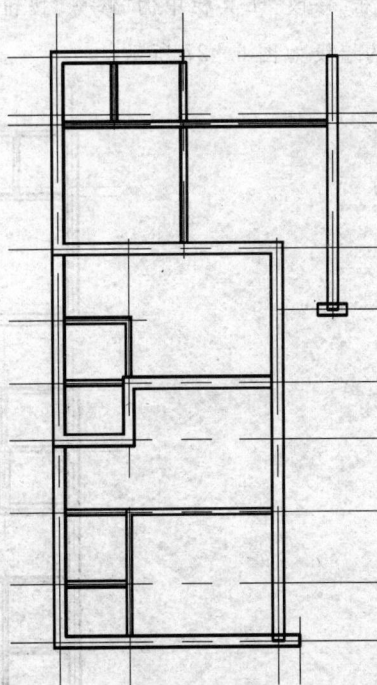

命令:_mline

当前设置:对正 = 上,比例 = 20.00,样式 = 240 墙

指定起点或 [对正(J)/比例(S)/样式(ST)]:j↙

输入对正类型 [上(T)/无(Z)/下(B)]<上>:z↙

当前设置:对正 = 无,比例 = 20.00,样式 = 240 墙

指定起点或 [对正(J)/比例(S)/样式(ST)]:s↙

输入多线比例 <20.00>:1↙

当前设置:对正 = 无,比例 = 1.00,样式 = 240 墙

指定起点或 [对正(J)/比例(S)/样式(ST)]:

指定下一点:↙

绘制好的"240 墙"如图 6 - 24 所示。

以同样的方法绘制"120 墙",绘制好的"120 墙"如图 6 - 25 所示。

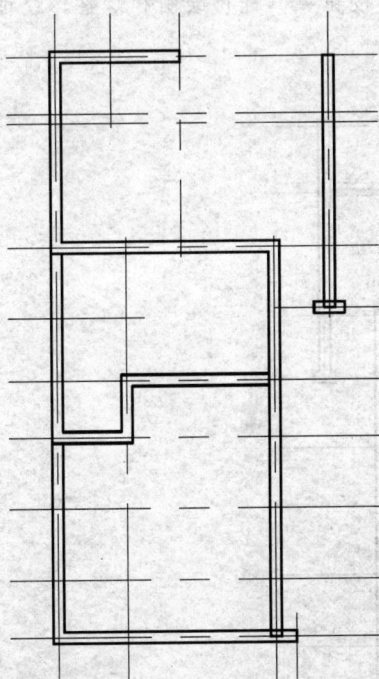

图 6 - 24　绘制宽度为 240 的墙　　　　　图 6 - 25　完成绘制墙体

编辑和修改墙线。执行菜单栏中的"修改"→"对象"→"多线"命令,弹出"多线编辑工具"对话框,如图 6-26 所示。该对话框中提供 12 种多线编辑工具,可根据不同的多线交叉方式选择相应的工具进行编辑。

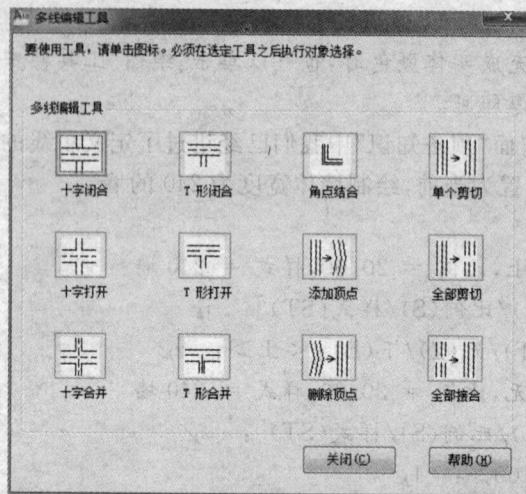

图 6-26 "多线编辑工具"对话框

提示:少数较复杂的墙线结合处无法找到相应的多线编辑工具进行编辑,因此可以单击"修改"工具栏中的"分解"按钮 ,将多线分解,然后单击"修改"工具栏中的"修剪"按钮 对该结合处的线条进行修整。另外,一些内部墙体并不在主要轴线上,可以通过添加辅助轴线,并单击"修改"工具栏中的"修剪"按钮 或"延伸"按钮 ,进行绘制和修整。经过编辑和修整后的墙线如图 6-27 所示。

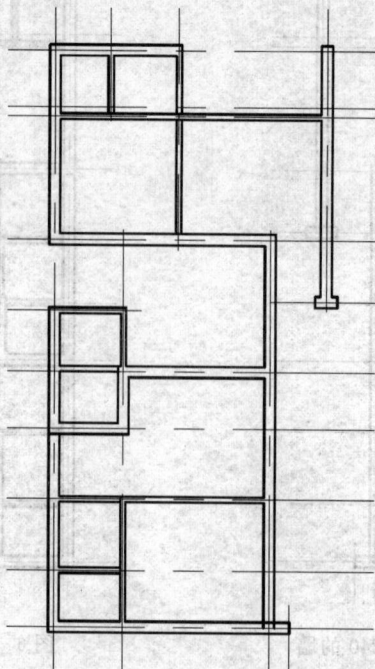

图 6-27 编辑修改后的墙线

4.绘制柱子

单击"绘图"工具栏中的"矩形"按钮 ▱ ,绘制一个 400×400 的矩形。单击"绘图"工具栏中的"图案填充"按钮 ▨ ,打开"图案填充和渐变色"对话框,单击"图案"右侧按钮,如图 6 - 28 (a)所示,打开"填充图案选项板",选择"SOLID"图样选项填充矩形,如图 6 - 28(b)所示,将空白矩形 ▢ 填充为 ■ ,完成混凝土柱的绘制。

(a)

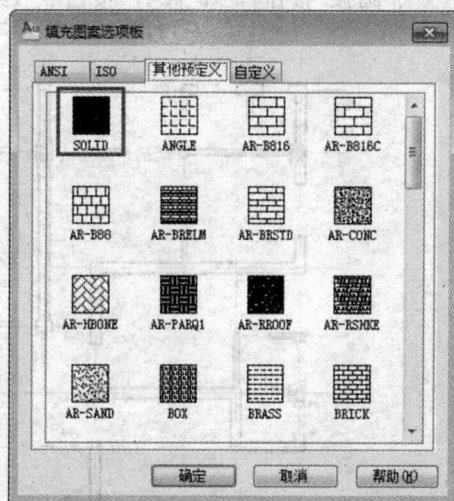

(b)

图 6 - 28　绘制混凝土柱

单击"修改"工具栏中的"复制"按钮 ⁙ (或在命令行直接输入"copy"),将混凝土柱复制移动到图中合适的位置处,完成所有柱子的绘制,结果如图 6 - 29 所示。

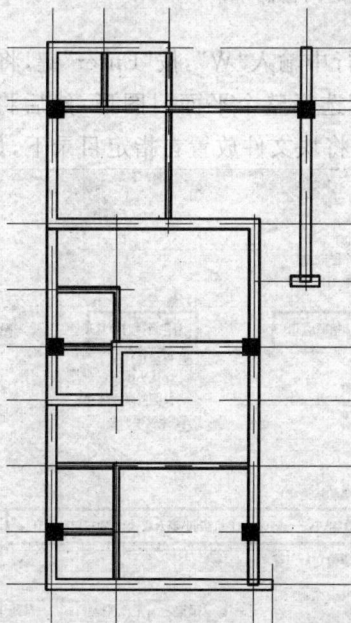

图 6 - 29　复制柱子到对应位置

5.绘制门窗

在绘制门窗的时候,首先要考虑的是开门窗洞口,再根据需要绘制相应的门窗平面图块,然后将绘制好的门窗图块插入在相应的门窗洞口位置。

开门窗洞口。对轴线执行偏移命令 □ 和修剪命令 ┼ 将形成门窗洞口,如图 6 - 30 所示。

在"图层"工具栏的"图层控制"组合框中选择"门窗"图层,并置为当前图层。单击"直线"按钮 ╱ 、"圆弧"按钮 ╭ 、"修剪"按钮 ┼ ,绘制一扇门的平面图,如图 6 - 31 所示。

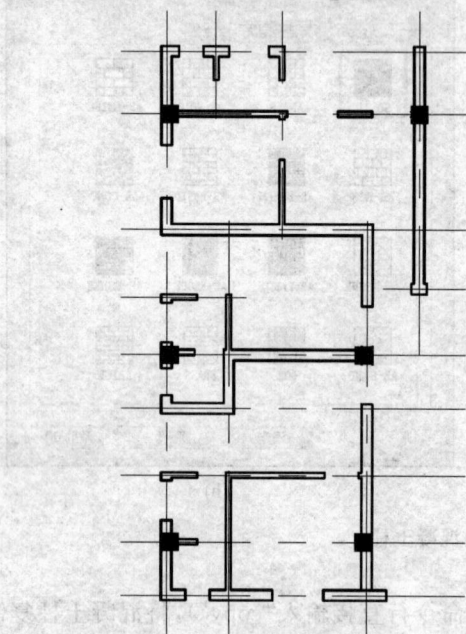

图 6 - 30　绘制好的门窗洞口

图 6 - 31　绘制平面门

执行"写块"命令,即在命令行中输入"W",按"Enter"键,将弹出"写块"对话框,点击"拾取点",点击 A 点,点击"选择对象"选择整个平面门图形,然后将绘制的平面门保存为"平面门块.dwg"图块,可修改文件路径,将块文件放置在指定目录下,如图 6 - 32 所示。

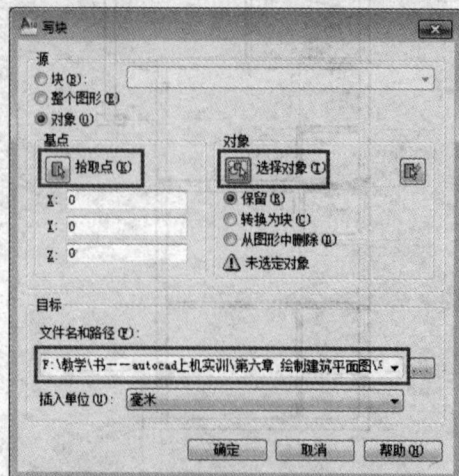

图 6 - 32　创建"平面门"图块

提示：用 block（创建块）命令定义的块只能在该块定义的图形文件中使用，不能在其他图形文件中引用，而 wblock（写块）命令可以将所定义的块保存为块文件，这样在其他任何图形文件中都可以使用该块进行各种插入操作。

单击"插入块"按钮 ，点击"浏览"按钮，打开"平面门块"文件，X 和 Y 比例为 0.9，Z 比例不变，如图 6-33 所示。单击"确定"按钮，将刚创建的图块插入到相应的位置；再执行"镜像" （MI）、"旋转" （RO）等命令，对图块进行镜像、旋转操作，如图 6-34 所示。

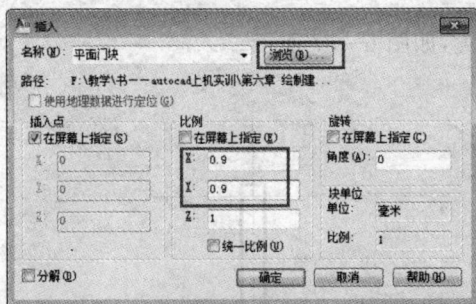

图 6-33 插入块

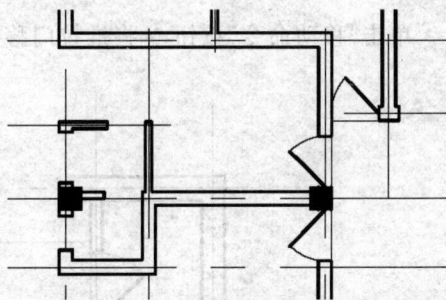

图 6-34 插入的门块

继续执行插入块命令，将前面创建的门图块插入到相应的位置，根据门开启方向，进行旋转操作，根据门洞大小，进行缩放操作，如图 6-35 所示。

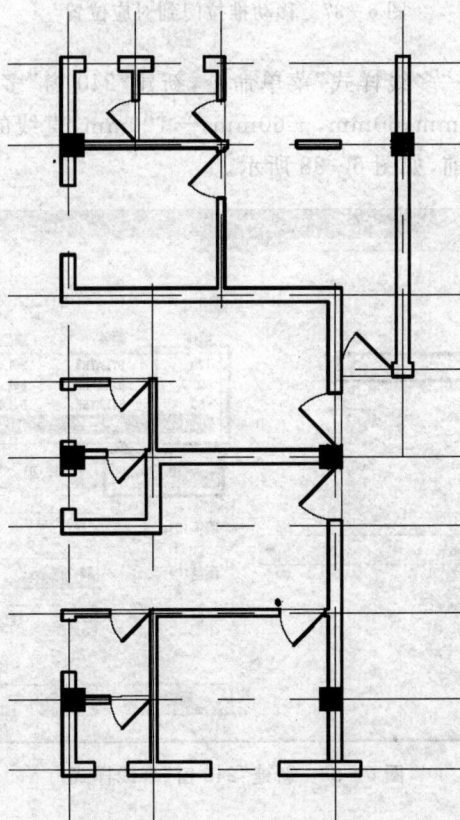

图 6-35 插入所有的平面门图块

单击"矩形"按钮 □、"直线"按钮 ╱、"图案填充"按钮 ▦ 等命令,绘制推拉门,如图 6-36 所示。

图 6-36 绘制推拉门

单击"移动命令"按钮 ✥ 将推拉门移到"TM1"位置,如图 6-37 所示。

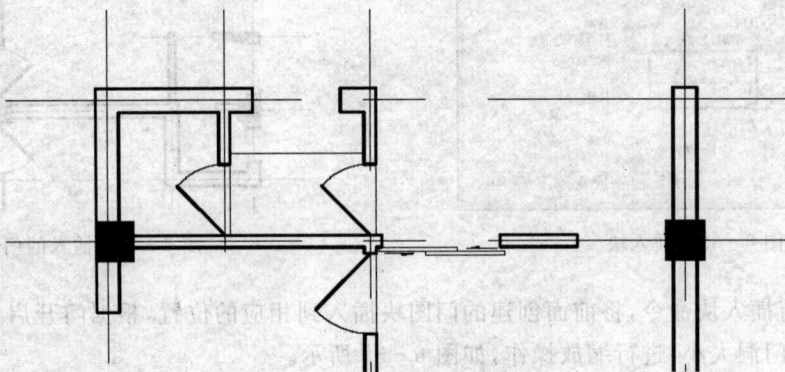

图 6-37 移动推拉门到对应位置

执行菜单中的"格式"→"多线样式"菜单命令,新建"240 窗"多线样式,点击"添加",分别设置其图元的偏移量为 120mm,60mm,-60mm,-120mm,直线的起点和端点不封口,单击"确定"按钮,并将其置为当前,如图 6-38 所示。

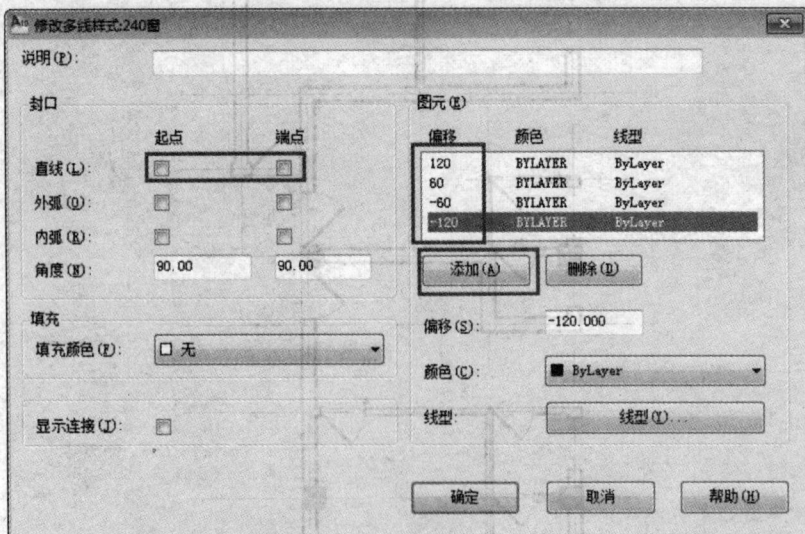

图 6-38 新建"240 窗"多线样式

执行菜单栏中的"格式"→"多线"命令,命令行中比例设置为"1",对正方式设置为"无",在图形的相应位置绘制窗,如图 6 - 39 所示。

用同样方法设置并绘制"120 窗"(见图 6 - 40 中椭圆标识的地方),其中窗线的偏移量分别为 60mm,30mm,－30mm,－60mm,插入"120 窗",注意有两处是门窗结合的结构。绘制好的所有门窗如图 6 - 40 所示。

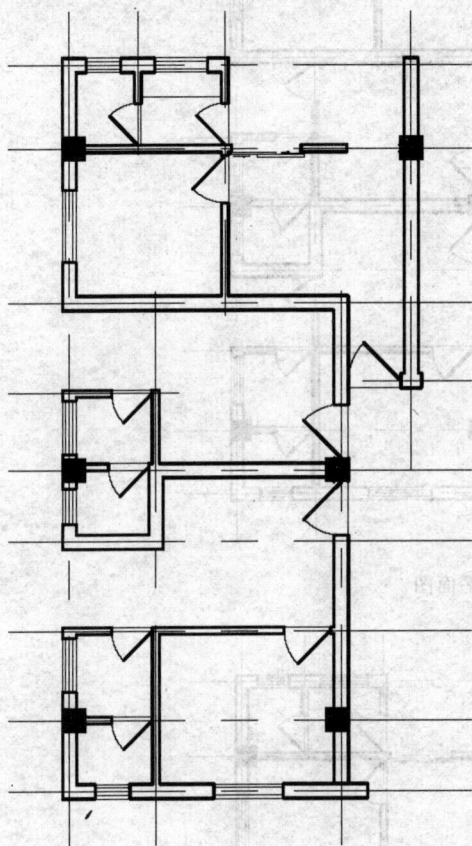

图 6 - 39　绘制"240 窗"

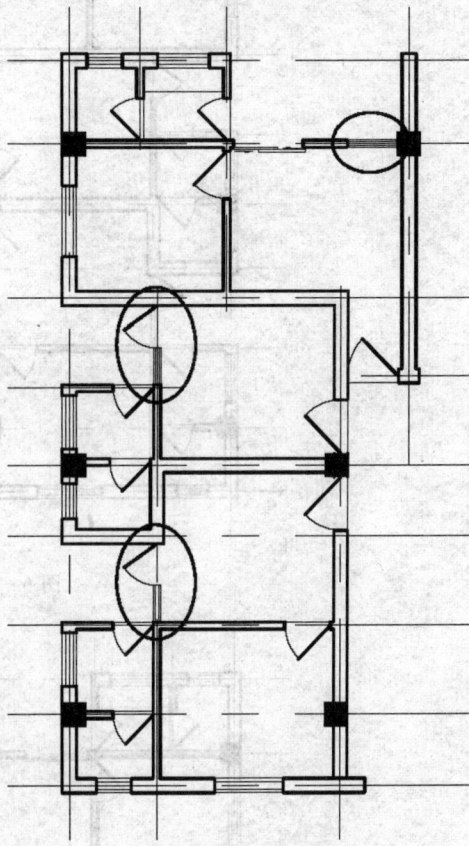

图 6 - 40　完成所有门窗绘制

6. 垂直镜像单元住宅

前面已经绘制了墙体、柱子、门窗,将其中的一套住宅标准层平面图绘制完成。根据要求,整个住宅平面图由两个单元组成,所以将其左侧的住宅平面图向右进行镜像,从而完成一整套住宅标准层平面图的绘制。

单击修改工具栏中的"镜像"按钮 (MI),框选视图中所有的图形对象,选择最右侧的垂直轴线作为镜像轴线,向右侧进行住宅平面图的垂直镜像,如图 6 - 41 所示。

使用"合并" (J)命令,将同一轴线上的两条水平中心线合并为一条中心线,使用"夹持点编辑""删除" (E)等命令,将镜像后的重复墙体删除掉,再使用夹点编辑图形中部分的墙体,结果如图 6 - 42 所示。

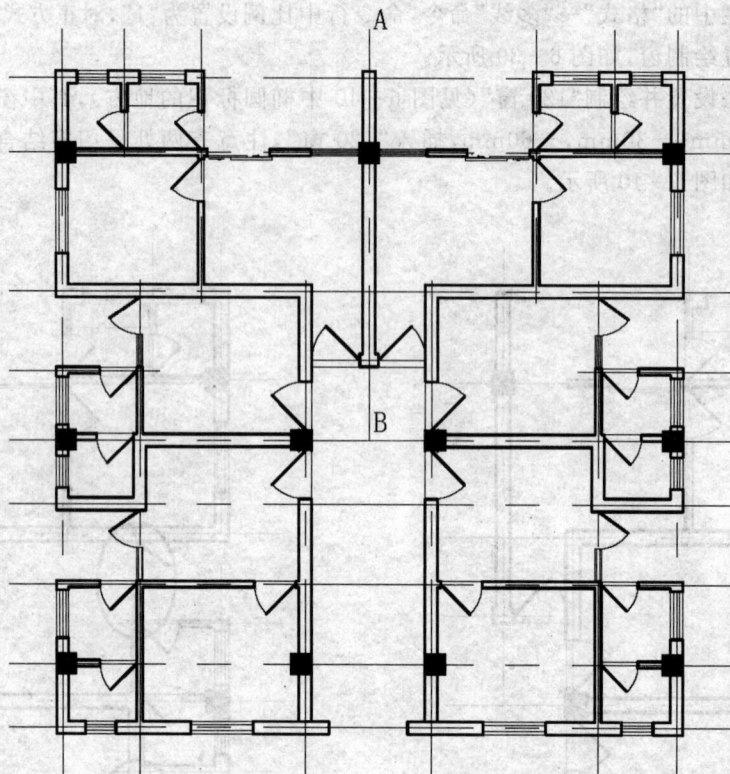

图 6-41 垂直镜像平面图

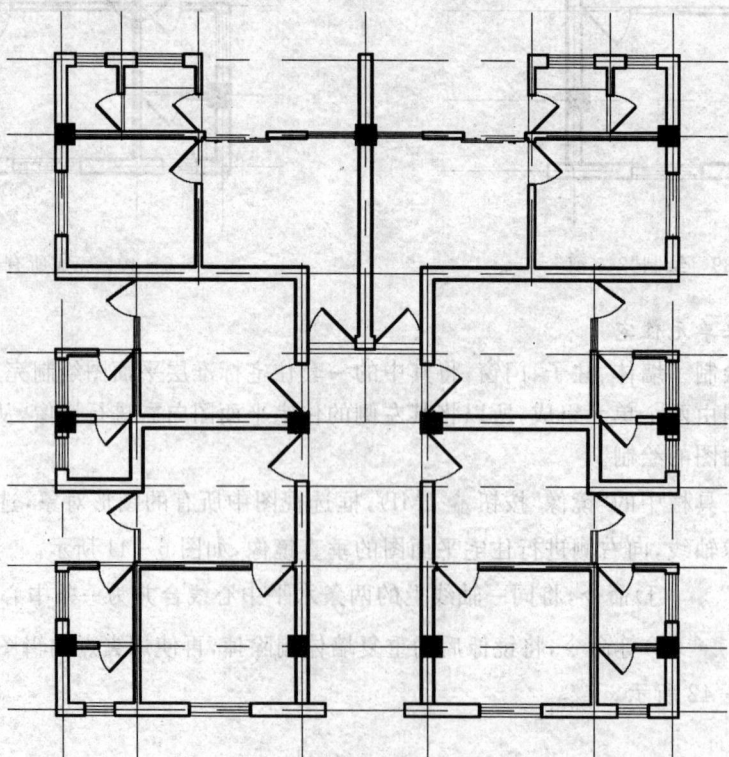

图 6-42 完成镜像图形编辑

提示：由于轴线是 center 线型，中间有间隙，同一轴线，只能使用一根中心线绘制，而镜像后同一水平轴线出现了两条中心线，因此必须合并处理。处理后线上夹持点由"■-·-■--■--■--■"变为"■-------■-------■"。

7.绘制建筑设施

（1）绘制楼梯

楼梯和台阶都是建筑的重要组成部分，是人们在室内或室内和室外进行垂直交通的必要建筑构件。单击"图层"工具栏的"图层控制"下拉列表框，将"楼梯"图层置为当前层。再单击"矩形"按钮 ▢ 画一个 2200×2340 的矩形，如图 6-43(a)所示。单击"分解"按钮 将其分解。

单击"偏移"按钮 将最下面的那条线段依次向上偏移 260，向上偏移 8 次，结果如图 6-43(b)所示；绘制 220×2460 矩形，利用偏移命令，向内偏移 60，得到中间的扶手；将扶手移动到楼梯中间，使用"修剪"命令修剪，结果如图 6-43(c)所示。

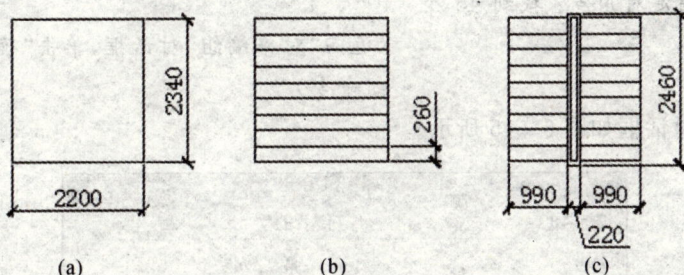

图 6-43　绘制楼梯

单击"多段线"按钮 (PL)，绘制方向箭头，其箭头起点宽度为 80mm，末端宽度为 0，箭头长度为 400，命令行操作如下，绘制出的箭头如图 6-44 所示。

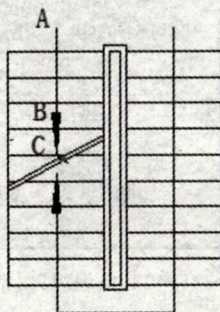

图 6-44　使用多段线绘制楼梯箭头

命令：_pline

指定起点：　　　　　　　　　　　（鼠标点击选取起始点 A）

当前线宽为 0

指定下一个点或 [圆弧(A)/半宽(H)/长度(L)/放弃(U)/宽度(W)]：

（鼠标点击，绘制直线 AB）

指定下一点或［圆弧（A）/闭合（C）/半宽（H）/长度（L）/放弃（U）/宽度（W）］:

指定下一点或［圆弧（A）/闭合（C）/半宽（H）/长度（L）/放弃（U）/宽度（W）］: w↙

指定起点宽度＜0＞: 80↙　　　　　　（箭头起点 B 宽度为 80）

指定端点宽度＜80＞: 0↙　　　　　　（箭头末端 C 宽度为 0）

指定下一点或［圆弧（A）/闭合（C）/半宽（H）/长度（L）/放弃（U）/宽度（W）］: 400↙

　　　　　　　　　　　　　　　（此时"正交"处于打开状态，直接输入箭头长度
　　　　　　　　　　　　　　　400）

指定下一点或［圆弧（A）/闭合（C）/半宽（H）/长度（L）/放弃（U）/宽度（W）］:↙

使用"编组"（G）命令，进行编组操作。

命令: g↙　　　　　　　　　　　　（打开"对象编组"对话框，输入编组名"楼梯"，点击
　　　　　　　　　　　　　　　"新建"）

GROUP 选择要编组的对象:　　　　（使用框选，选中楼梯图，按回车或空格键）

选择对象: 指定对角点: 找到 45 个

选择对象:↙　　　　　　　　　　　（返回"对象编组"对话框，单击"确定"按钮，完成编
　　　　　　　　　　　　　　　组命令）

"对象编组"对话框如图 6-45 所示。

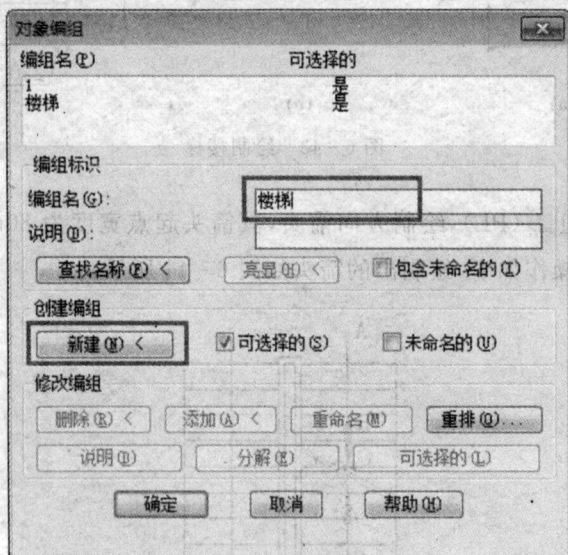

图 6-45　"对象编组"对话框

提示: 使用"编组"（G）命令，是将楼梯对象组合为一个整体，从而方便移动。

单击修改工具栏中的"移动"按钮 ✛（M），将楼梯移动到图中对应位置，如图 6-46 所示。

（2）绘制细部

细部包括阳台，可以看到的台阶投影线、下水管等。先绘制左边的细部，然后镜像到右边，绘制完细部的图形如图 6-47 所示。

（3）布置洁具

厨房、卫生间的主要设施有案台、燃气灶、洗碗槽、电冰箱、洗脸盆、马桶等，用户可以根据需要进行临时的绘制，这里是将已绘制好的图块插入到相应的位置。

单击"图层"工具栏的"图层控制"下拉列表框，将"设施"图层置为当前层。

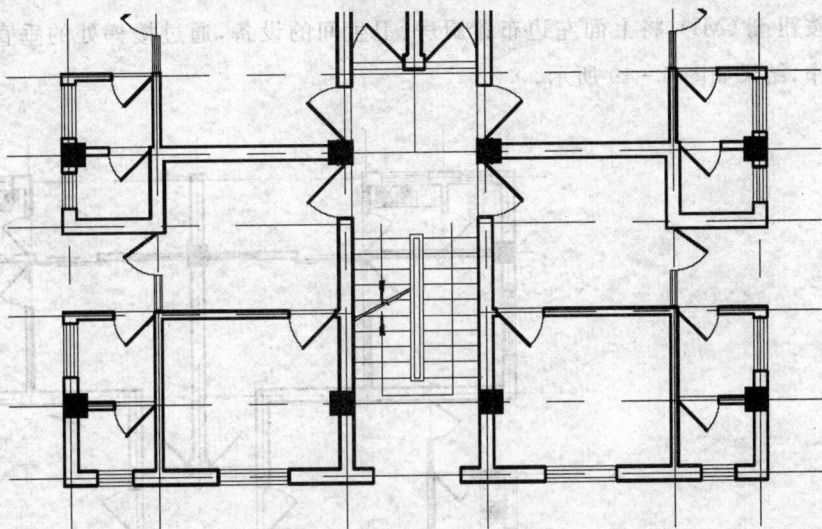

图 6-46 完成楼梯绘制

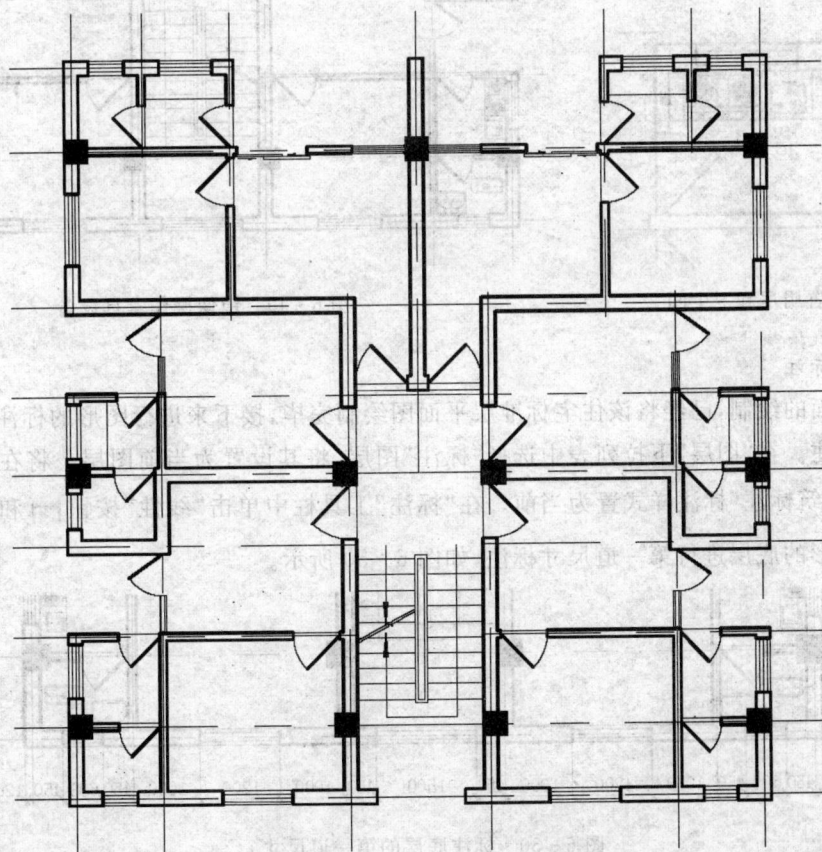

图 6-47 完成细部绘制

单击"插入块"按钮 🔲(I)，将图块插入到相应的位置，并适当进行图块旋转操作，如图 6-48所示。

布置家具设备。使用同样的方法将其他洁具和家具设备插入到左边结构对应位置，然后单击"镜像"按钮 ⚖(MI)，将上面左边布置厨房、卫生间的设备，通过楼梯处的垂直轴线向右进行镜像操作，结果如图 6-49 所示。

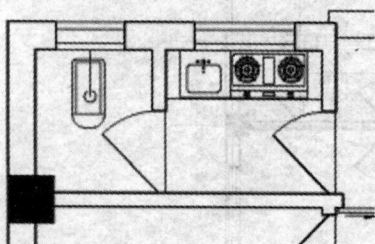

图 6-48　布置厨房和卫生间

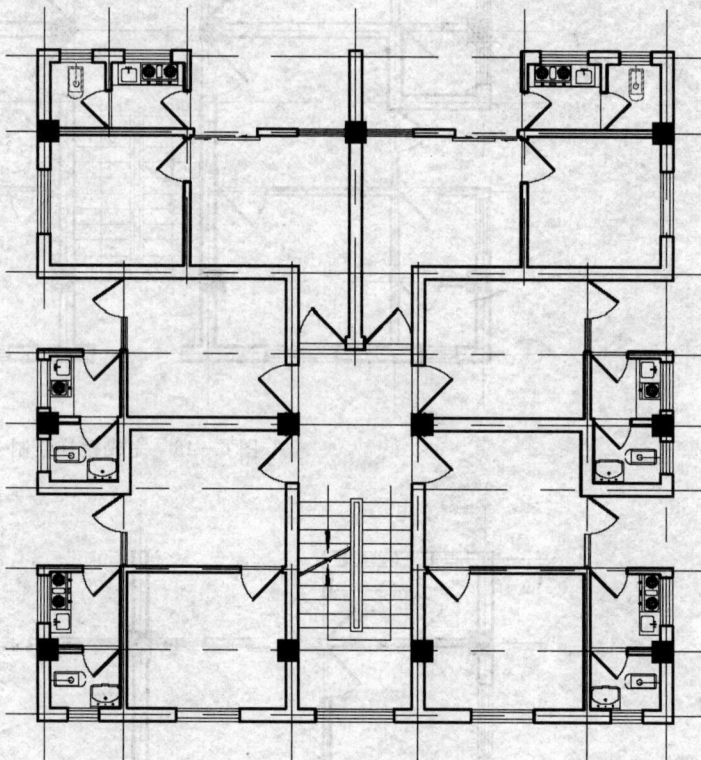

图 6-49　镜像操作家具设备

8.平面标注

通过前面的绘制，已经将该住宅标准层平面图绘制完毕，接下来进行图形的标注。

尺寸标注。在"图层"下拉列表中选择"标注"图层，将其设置为当前图层。将在预备知识中建立的"建筑标注"标注样式置为当前。在"标注"工具栏中单击"线性"按钮 ├┤ 和"连续"按钮 ├┼┤，对图形的底层进行第一道尺寸标注，如图 6-50 所示。

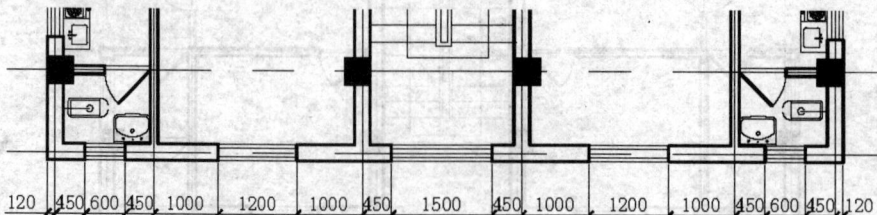

图 6-50　标注底层的第一道尺寸

在"标注"工具栏中单击"线性"按钮 ⊢⊣ 和"连续"按钮 ⊢⊢⊢，对图形的底层进行第二、三道尺寸的标注，如图 6-51 所示。

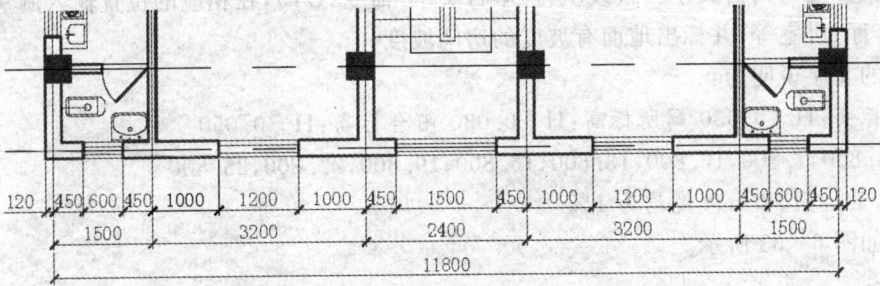

图 6-51 标注底层的第二、三道尺寸

使用同样的方法，单击"标注"工具栏中"线性"按钮 ⊢⊣ 和"连续"按钮 ⊢⊢⊢，对图形的顶、左、右侧进行尺寸的标注，以及内部尺寸的标注，结果如图 6-52 所示。

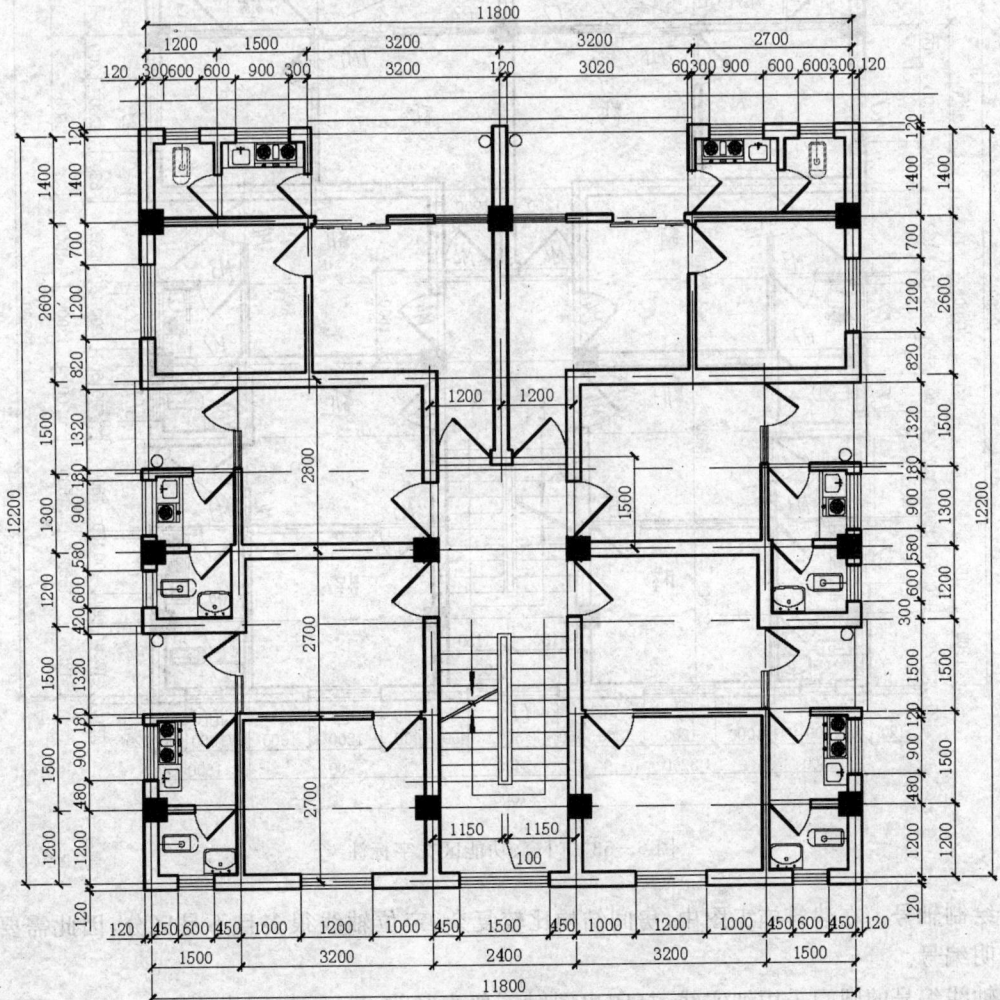

图 6-52 所有的尺寸标注

进行图内文字说明以及内部必要的细节说明标注。在"图层"下拉列表中选择"文字"图层,将其设置为当前图层。单击绘图工具栏中的"单行文字"按钮(DT),选择"建筑"文字样式,在相应的位置输入门窗文字。继续执行"单行文字"命令(DT),在相应的位置输入厨房、餐厅、卫生间、客厅、卧室等,并标出地面有坡度的房间坡度。

必要的文字说明为:

厨房标高:H-0.030 厕所标高:H+0.030 阳台标高:H-0.050

H=4.800,7.800,10.800,13.800,16.800,19.800,22.800,25.800

厨房、卫生间、阳台坡度均为1%

结果如图6-53所示。

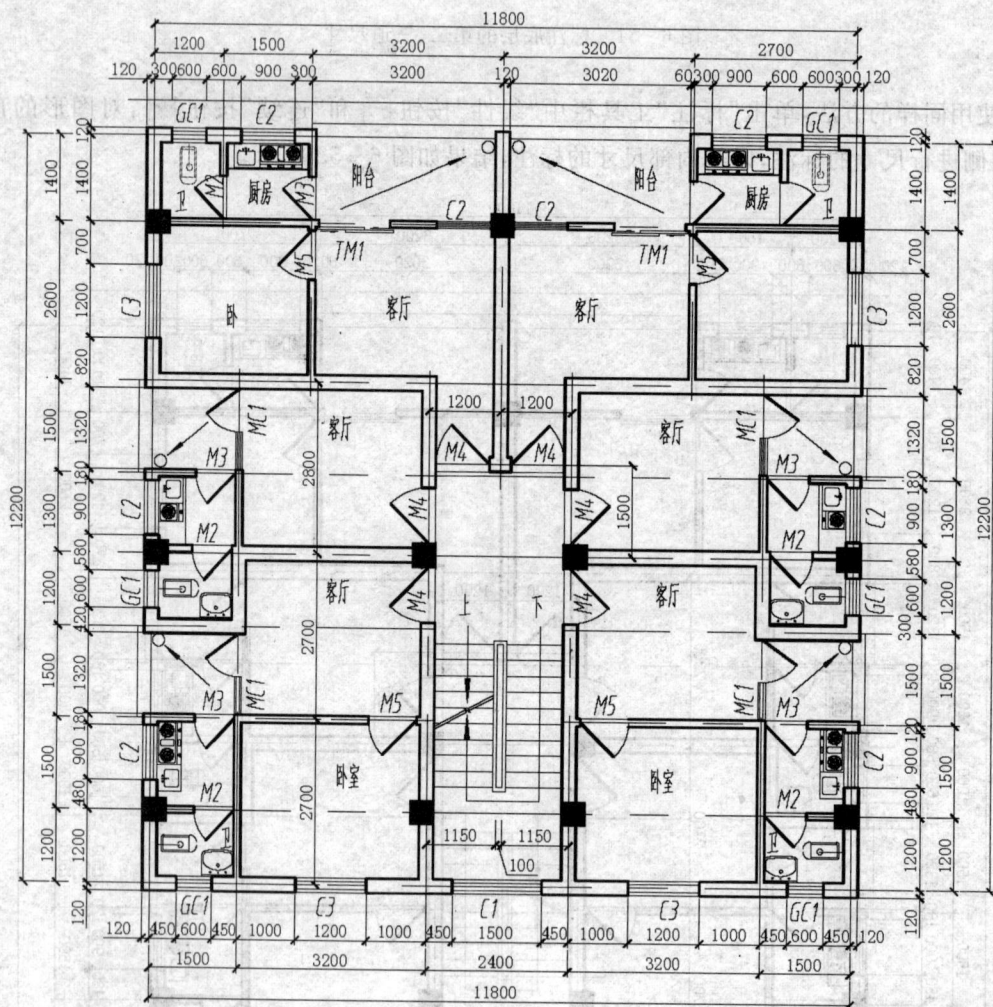

图6-53 门窗、功能区文字标注

绘制轴号。在建筑施工图中,房间结构比较复杂,定位轴线很多且不易区分,因此需要为其注明编号。

轴线编号的圆圈采用细实线,打印出图时一般直径为8mm,样图中为10mm。在平面图中水平方向上的编号采用阿拉伯数字,从左至右依次编写。垂直方向上的编号采用大写拉丁字母按从下至上的顺序编写。拉丁字母中的 I,O,Z 不得作为轴线编号,以免和数字 1,0,2 混淆。

在前面预备知识中,已经讲解了"写块"的过程,这里不再赘述。

单击"绘图"工具栏中的"插入块"按钮 ,将轴号插入到图中轴线端点处。

命令：_insert 　　　　(或在命令行中输入 i,按 Enter 键)

指定插入点或 [基点(B)/比例(S)/X/Y/Z/旋转(R)]:

输入属性值

请输入轴线编号: <1>:

用上述方法绘制轴号,如图 6-54 所示。

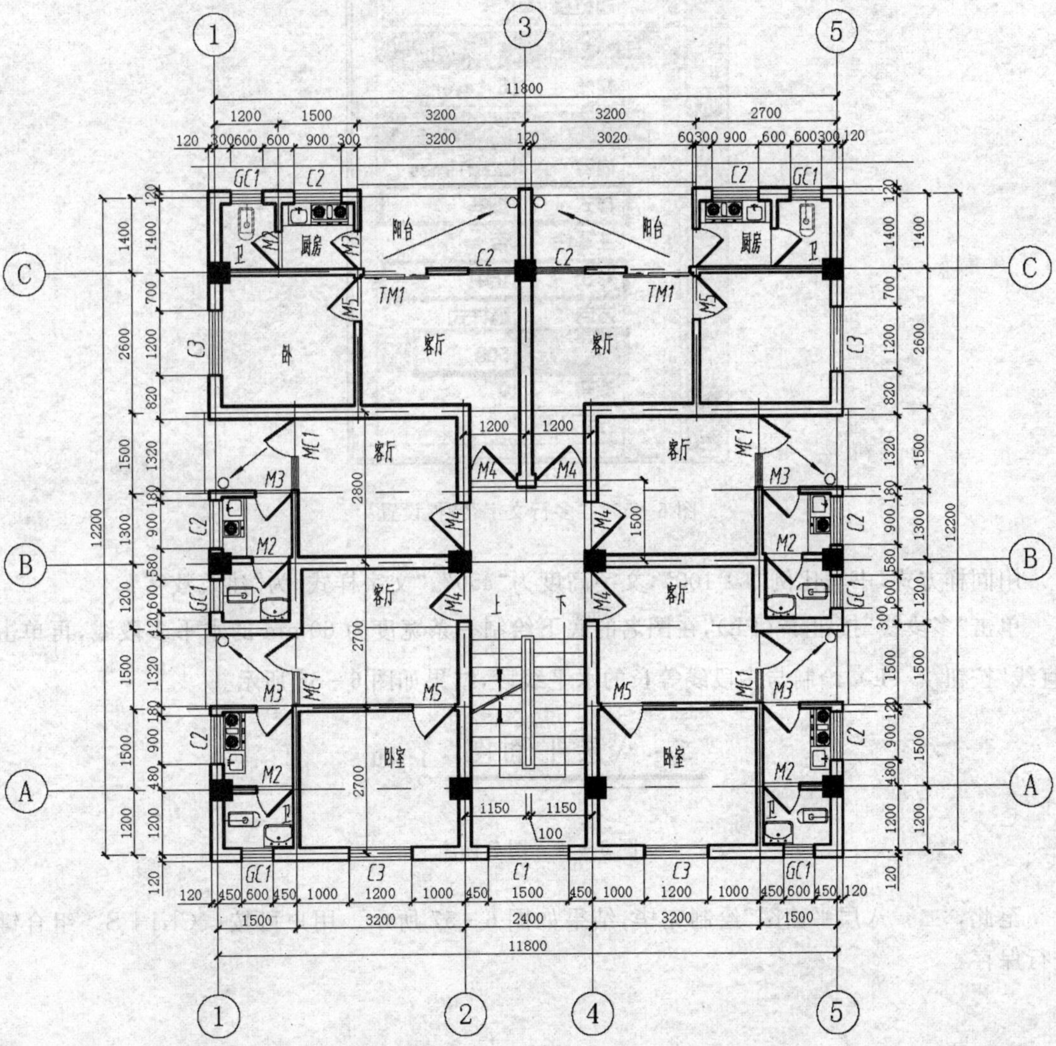

图 6-54　完成轴线编号

9.写图名

在"图层"工具栏中选择"文字"图层,将其置为当前。建立"图名"文字样式,字体为"仿宋-GB2312",并将其置为当前。单击工具栏中"多行文字"按钮。在相应位置输入"二～八层平面图"。选中文字,点击鼠标右键选择"特性",打开"多行文字"特性对话框,设置其对正方式为"正中","文字高度"为"500"。特性设置如图 6-55 所示。

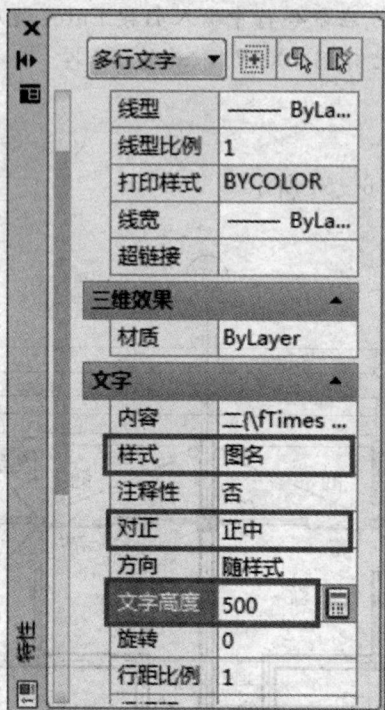

图 6-55 "多行文字"特性设置

用同样方式,书写比例"1∶100",文字高度为"350","文字样式"为"建筑数字"。

单击"多段线"按钮 (PL),在图名的底下绘制一条宽度为 60mm 的水平多段线,再单击"直线"按钮 (L),绘制与多段线等长的水平线段,结果如图 6-56 所示。

二～八层平面图 1:100

图 6-56 图名标注

至此,"二～八层平面图"绘制完毕,结果如图 6-57 所示。用户可按<Ctrl+S>组合键进行保存。

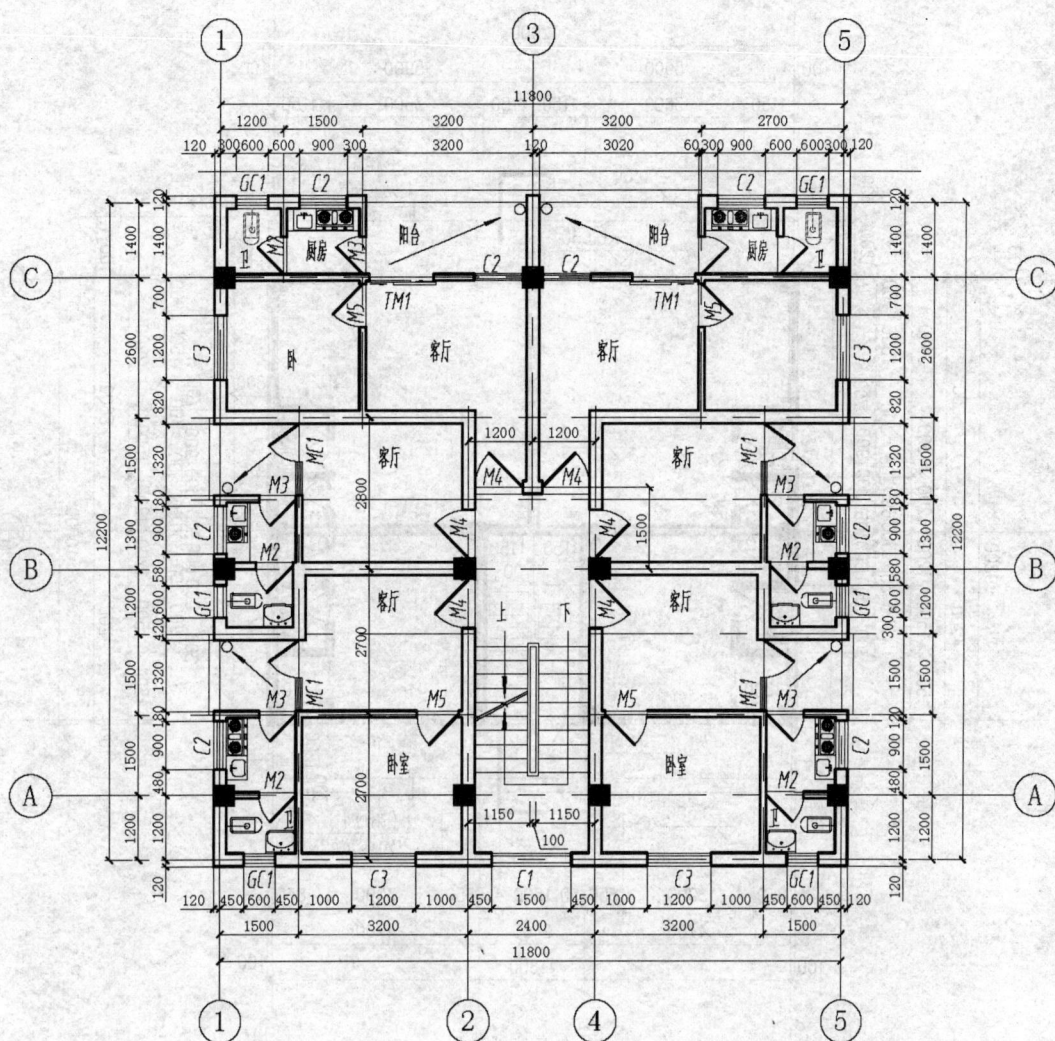

二~八层平面图 1:100

厨房标高：H−0.030 厕所标高：H+0.300 阳台标高：H−0.050
H=4.800,7.800,10.800,13.800,16.800,19.800,22.800,25.800

图6−57 标准层平面图

练 习 题

绘制如题图6−1所示的首层建筑平面图。

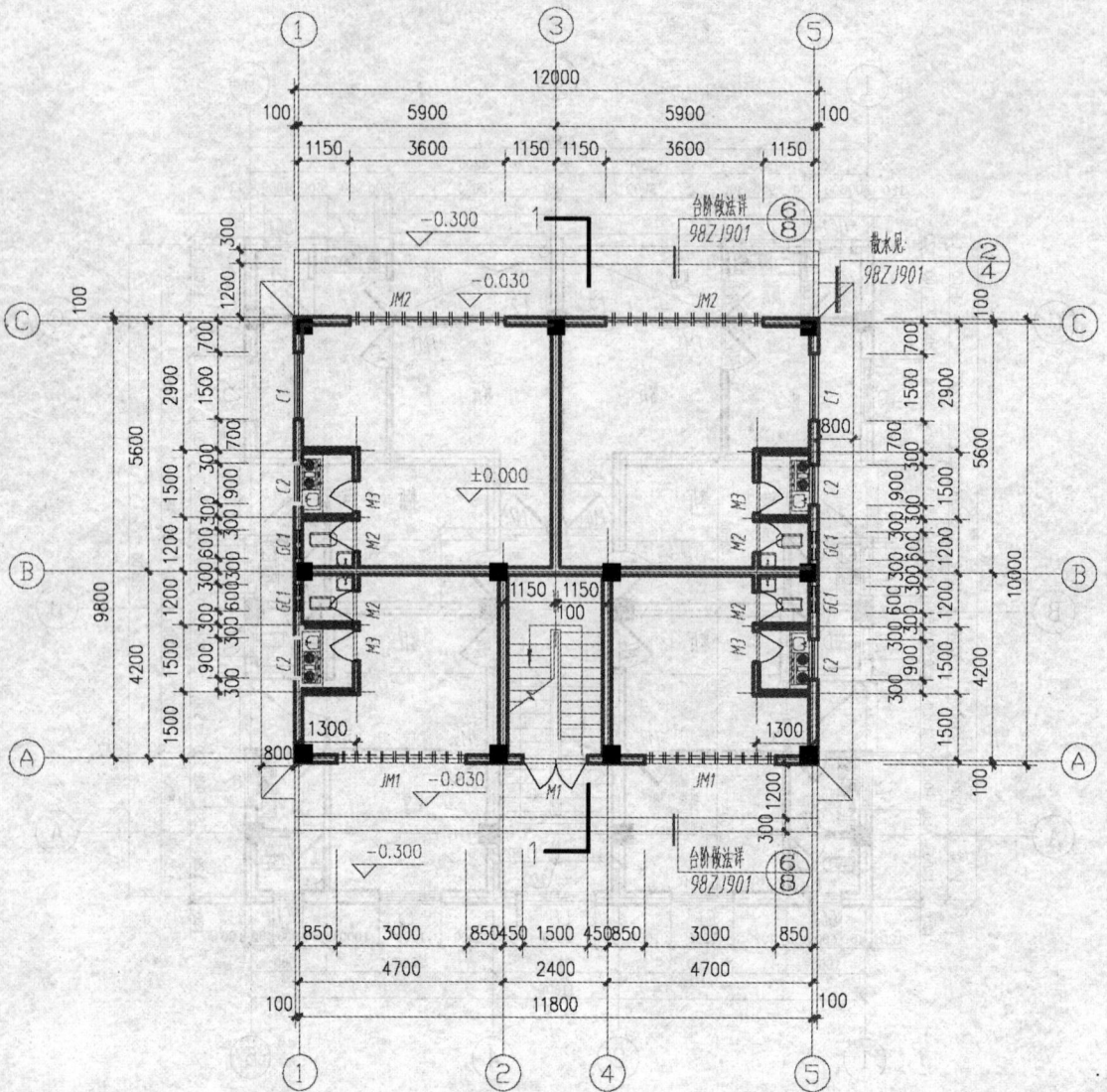

首层平面图 1:100

注:厕所标高,厨房标高: H-0.030

题图 6-1 首层平面图

第七章　绘制建筑立面图

实 训 目 的

1.掌握建筑立面图的绘图方法。
2.进一步熟悉创建标高符号属性块的方法。
3.掌握建筑立面图的标注方法。

本 章 说 明

1.依照第六章,建立名为"建筑文字"和"建筑数字"的文字样式。
2.依照第六章,建立名为"建筑标注"的标注样式。
3.使用"块定义"和"块插入"绘制窗以及标高符号。
4.地平线为特粗线,可放在单独的图层上。
5.立面图左、右两边的标高符号应上下对齐。

实 训 内 容

绘制某住宅楼建筑施工图:立面图,如图 7-1 所示。

一、绘图流程

1)设置绘图环境。
2)绘制地平线、定位轴线、各层楼面线、楼面和外墙轮廓线。
3)绘制门窗等细部构件的轮廓线。
4)绘制门窗线、外墙分割线等细部构件。
5)绘制尺寸界线、标高数字、索引符号和相关注释文字。
6)尺寸标注。
7)添加图框、标题和文字说明。
8)保存图形。给定文件名,将绘制好的图形保存到指定目录下,以备后续查看。
9)打印图形。待图形校核无误后,打印出图。

二、绘图步骤

1.设置绘图环境
由于本章的立面图与第六章的平面图为同一套图纸的施工图,绘图环境的设置与前面相同,因此这里仅简单作一说明,具体图形说明可参阅第六章的"设置绘图环境"部分。

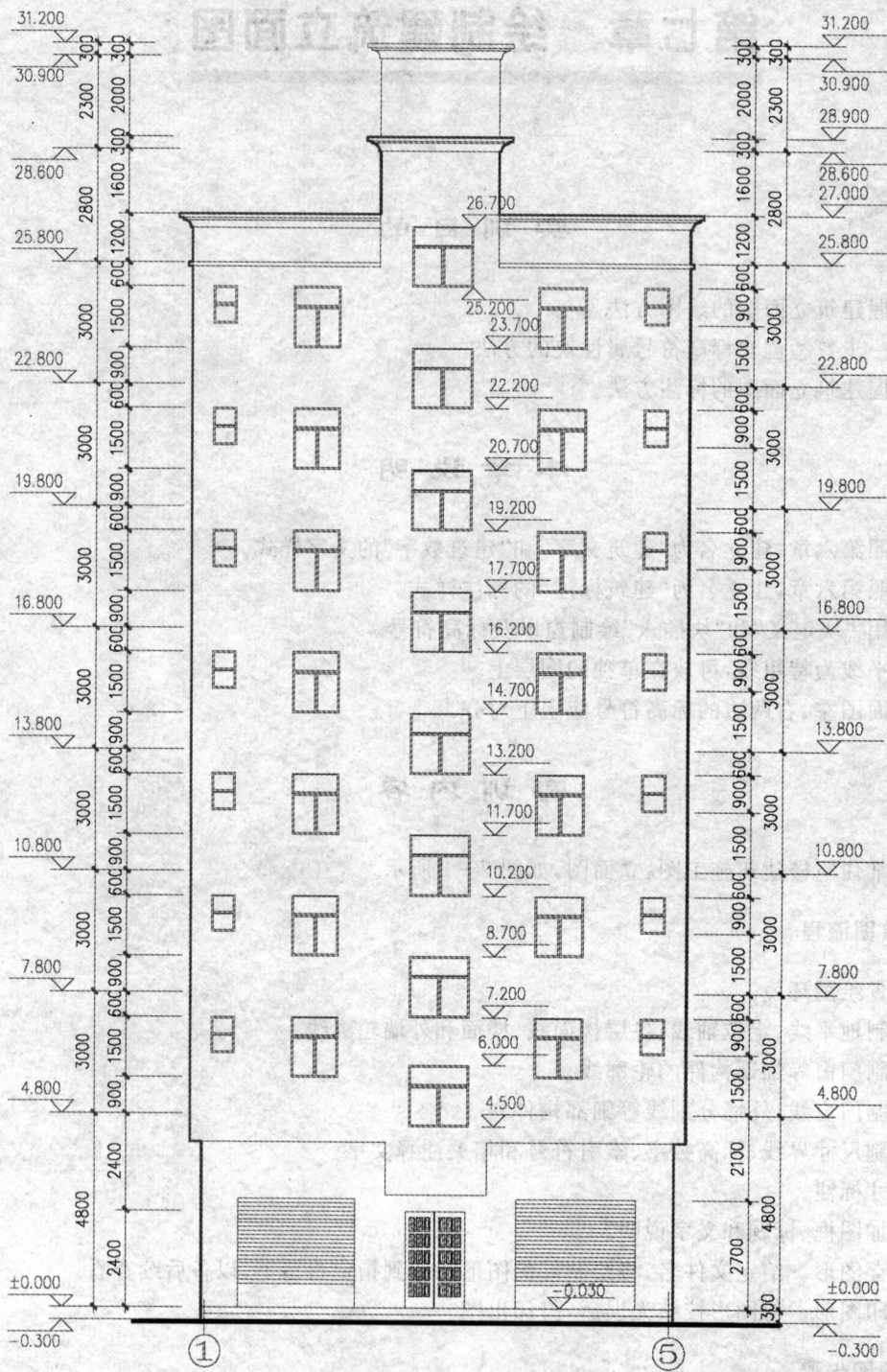

①—⑤立面图 1:100

注:1、立面所有线条均贴米黄色马赛克
    2、立面除注明外均贴浅白色马赛克
    3、所有立面做法均同

图7-1 ①~⑤轴立面图

（1）设置图形单位

新建图形文件，执行菜单中的"格式"→"单位"命令，打开"图形单位"对话框。设置"长度"选项组中的"类型"为"小数"，"精度"为"0"，其余为默认值，点击"确定"按钮。

（2）设置图形界限

选择"格式"→"图形界限"，命令行提示：

命令：limits

重新设置模型空间界限

指定左下角点或［开（ON）/关（OFF）］＜0.0000,0.0000＞：↙

指定右上角点＜420.0000,297.0000＞42000,29700 （设为 A3 图纸的 100 倍，以便以

1∶1 比例绘图）

将默认线宽设为 0.15mm，调整显示比例，如图 7-2 所示。

（3）设置新的文字样式

执行菜单栏中的"格式"→"文字样式"菜单命令，新的文件样式名为"立面图标注"，"字体"选"simplex.shx"，在"高度"文本框中不输入数值，"宽度因子"文本框中输入"1"，将其"置为当前"，完成文字样式的设置，如图 7-3 所示。用同样方法，建立"立面图文字"文字样式，"字体"设为"txt.shx"，"宽度因子"设为"1"，如图 7-4 所示。

（4）建立新的标注样式

执行菜单栏中的"格式"→"标注样式"菜单命令，新建样式名定义为"立面图标注"，在"符号和箭头"选项卡设置"箭头"的"第一个"和"第二个"为斜线形式，在"文字"选项卡设置"文字高度"为 3.5，文字样式为"立面图数字"，在"调整"选项卡的"标注特征比例"中"使用全局比例因子"设为 100，完成新标注样式的建立。

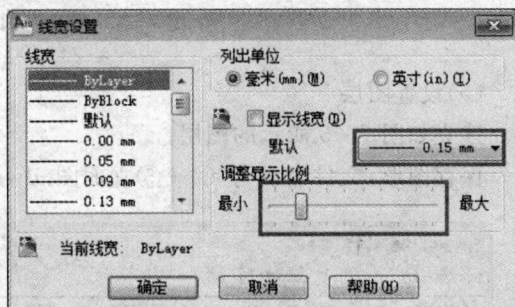

图 7-2 默认线宽设置

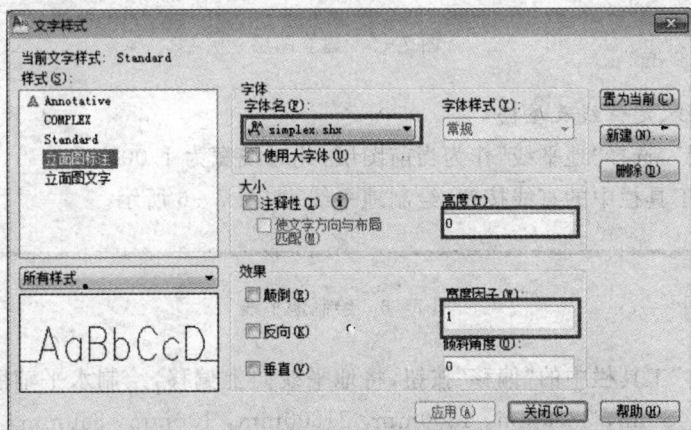

图 7-3 建立"立面图标注"文字样式

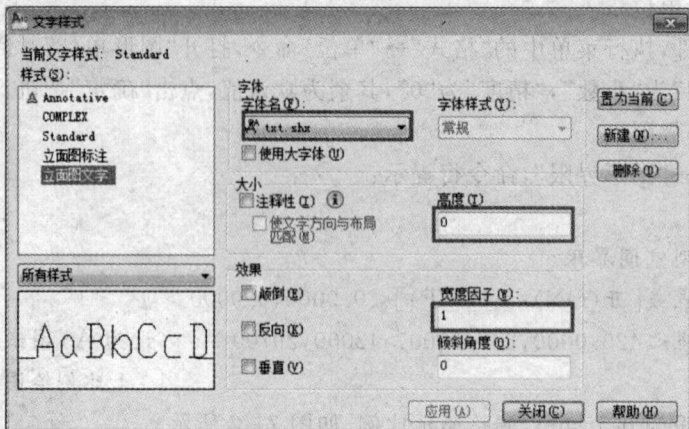

图7-4 建立"立面图文字"文字样式

（5）设置图层

建立如图7-5所示的图层。

保存图形，文件名设为"①—⑤立面图.dwg"，将文件保存到指定目录下。

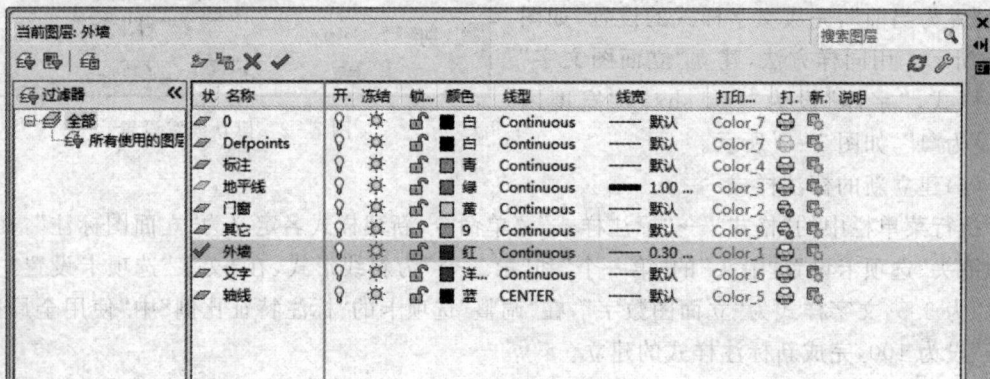

图7-5 建立图层

2.绘制地平线、定位线及屋檐

1）单击"图层"，选择"地平线"作为当前图层，此时线宽为1.00。

2）单击绘图工具栏中的直线按钮，绘制地平线，如图7-6所示。

图7-6 绘制地平线

3）单击"修改"工具栏中的"偏移"按钮，将地平线向上偏移，绘制水平辅助线，偏移距离依次为 199mm，148mm，2800mm，1300mm，21600mm，100mm，850mm，200mm，50mm，100mm，1950mm，200mm，50mm，100mm。修改对象所在图层，选中所有偏移出的直线，将其改在"其他"图层上，如图7-7所示。图形最终效果见图7-8。

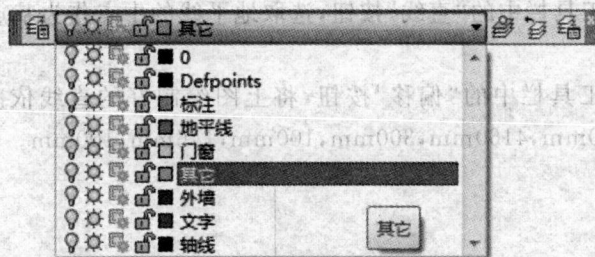

图 7-7 修改对象所在图层

图 7-8 绘制水平辅助线

4)单击"绘图"工具栏中的"直线"按钮,选取地平线的中点作为基点绘制直线,如图7-9所示。

5)单击"修改"工具栏中的"偏移"按钮,将上图绘制好的直线依次向左偏移1280mm,210mm,250mm,100mm,4160mm,300mm,100mm,146mm,100mm。

图7-9 绘制中间对称线

6)单击"修改"工具栏中的"镜像"按钮,将上图偏移过后的直线以中央直线为基准镜像到另一边,如图 7-10 所示。

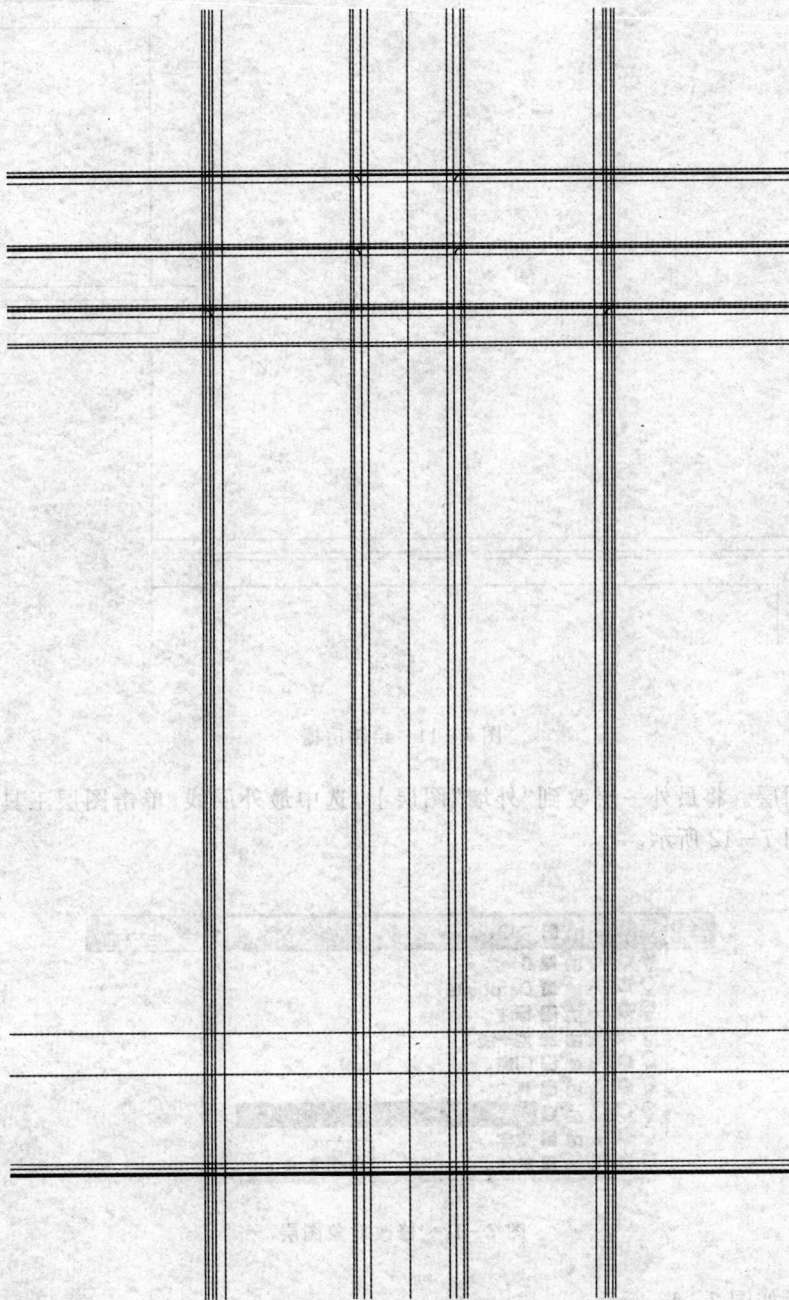

图 7-10　镜像图形

7)单击"修改"工具栏中的"修剪"按钮,修剪掉图中多余的线段,并单击"绘图"工具栏中的"圆弧"按钮,绘制房檐,需要绘制圆弧的地方见屋檐局部放大图,如图 7-11 所示。

图7-11 绘制房檐

8)更改图层。将最外一层改到"外墙"图层上,选中最外层线,单击图层工具栏,选择"外墙"图层,如图7-12所示。

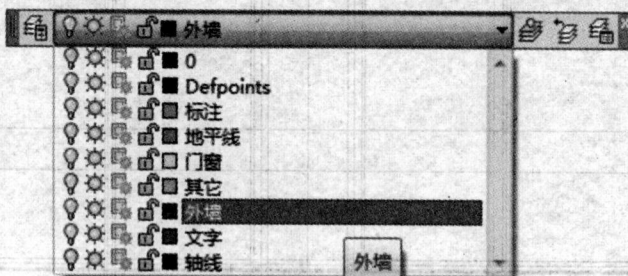

图7-12 修改对象图层

完成图形如图7-13所示。

图 7-13 完成屋檐的绘制

3. 绘制门窗

1)将当前图层设为"门窗"层,单击"绘图"工具栏中的"直线"按钮和"修改"工具栏中的"偏移"按钮绘制卷帘门,如图7-14(a)所示。

2)单击"修改"工具栏中的"镜像"按钮,绘制大门,如图7-14(b)所示。

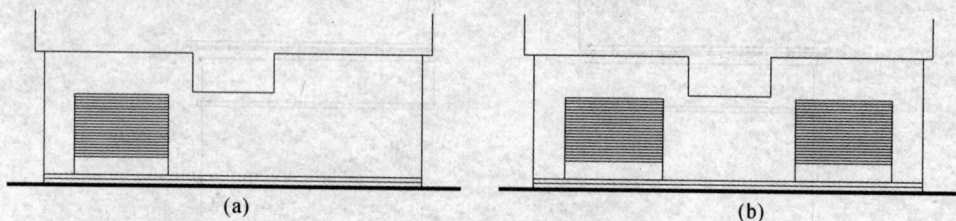

(a)   (b)

图7-14   完成卷帘门绘制

3)单击"绘图"工具栏中的"直线"按钮,选择地平线中点,竖直向上绘制一条直线,作为基准,如图7-15所示。

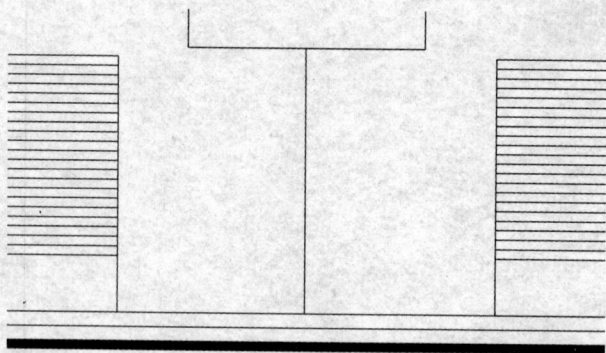

图7-15   绘制对称基准

4)单击"绘图"工具栏中的"矩形"按钮,绘制中央大门,如图7-16所示。

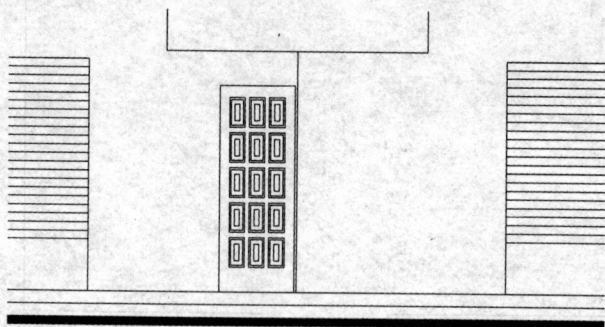

图7-16   绘制中央大门

5)单击"修改"工具栏中的"镜像"按钮,绘制大门另一半,再删除中央辅助线,如图7-17所示。

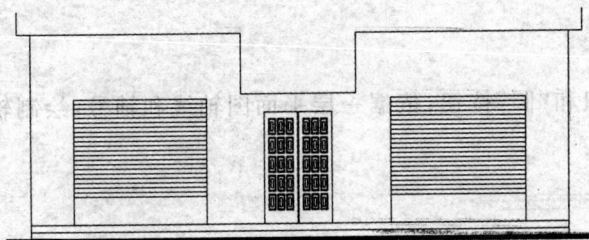

图 7-17 镜像完成大门绘制

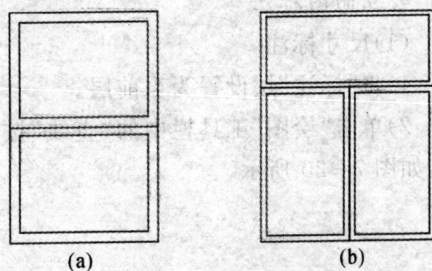

图 7-18 绘制两种窗

6)如图 7-18(a),(b),单击"绘图"工具栏中的"矩形"按钮和"直线"按钮,绘制两种窗。

7)单击"修改"工具栏中的"复制"按钮,绘制所有窗户,如图 7-19 所示。

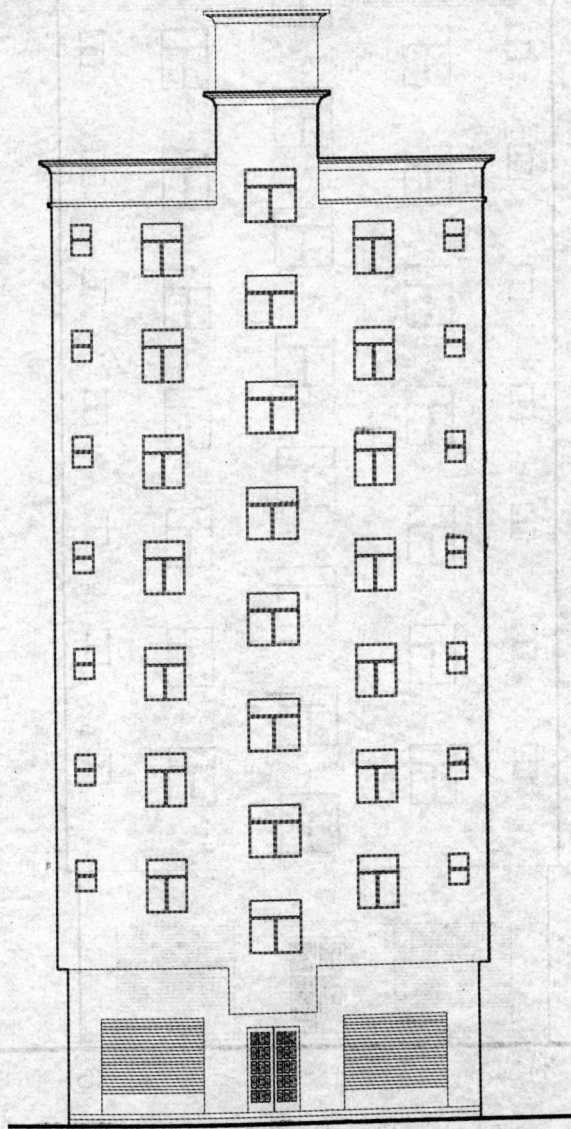

图 7-19 完成所有窗户的绘制

4.立面图标注

(1)尺寸标注

1)将"标注"层设置为当前层。

2)单击"绘图"工具栏中的"直线"按钮和"圆"按钮,依据一层平面图轴线和轴号,绘制轴线,如图 7-20 所示。

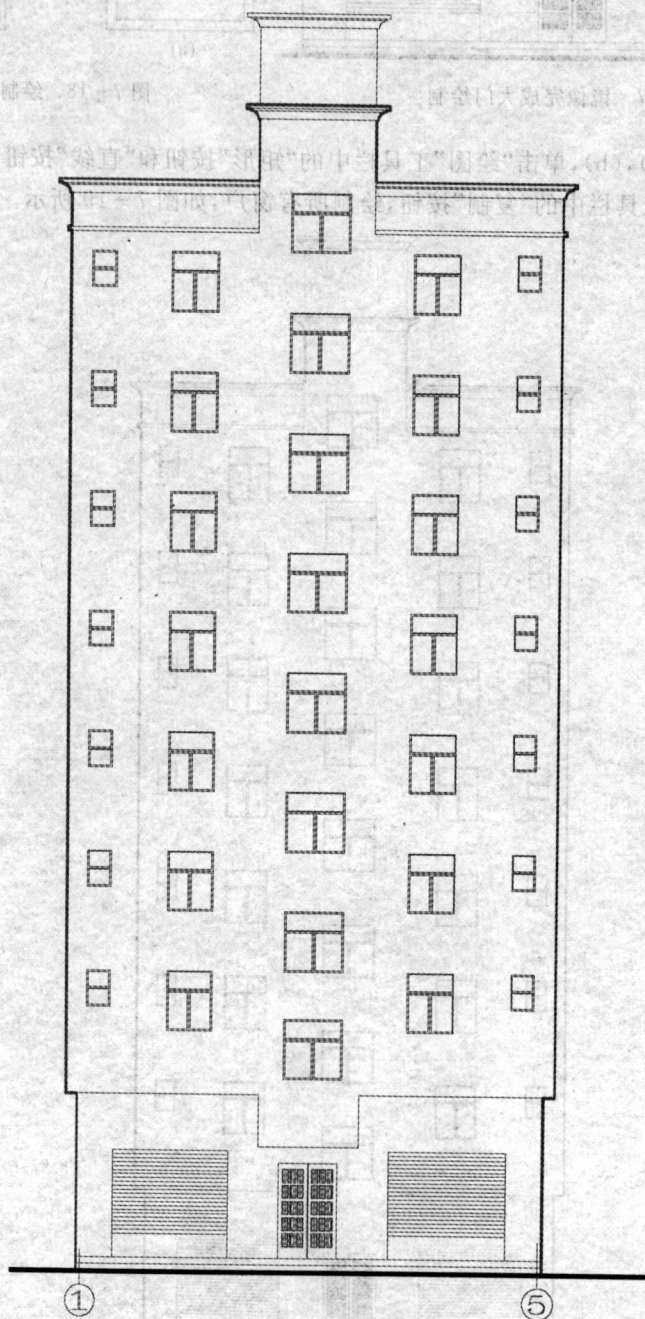

图 7-20　绘制轴线

3)单击"标注"工具栏中的"线性"按钮和"连续"按钮,标注立面图,如图 7-21 所示。

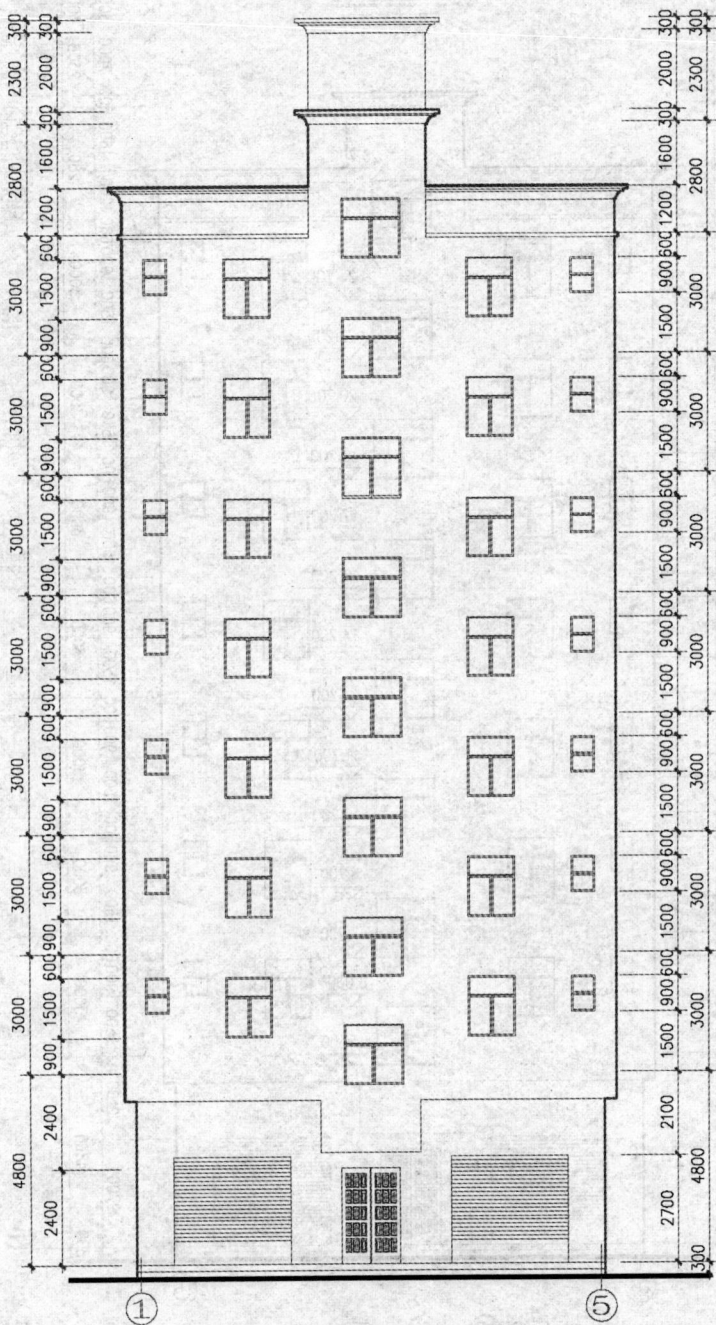

图 7-21　完成外围尺寸标注

提示：在一条直线上的尺寸标注一定要用连续标注。

(2)标高标注

1)单击"绘图"工具栏中的"直线"按钮,绘制标高,将其保存为带属性块。

2)单击"绘图"工具栏中的"多行文字"按钮,输入标高数值,如图 7-22 所示。

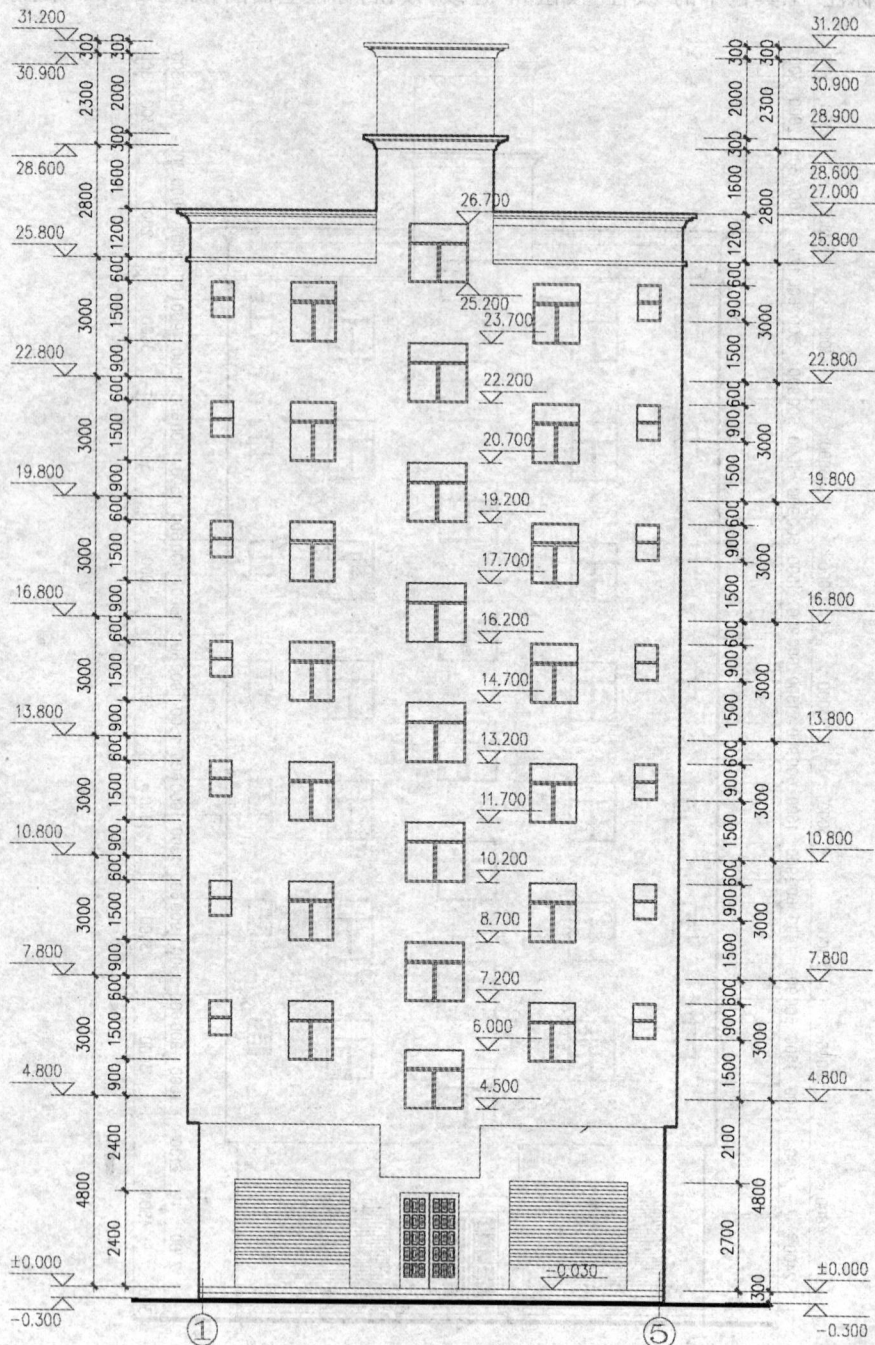

图 7-22 完成标高标注

(3)图名及说明文字标注

1)将"立面图文字"置为当前文字样式,单击"绘图"工具栏中的"多行文字"按钮,标注图名。

2)单击"绘图"工具栏中的"多段线"按钮,在文字下方绘制多段线,在"快捷特性"中修改,粗线的"全局宽度"设为"70",细线不变,如图 7-23 所示。粗线和细线之间间隔 150mm。

3)将"立面图文字"文字样式置为当前,在图纸下方的空白位置,利用"多行文字"命令书写以下说明文字。

注:1:立面所有线条均贴米黄色马赛克。

2:立面除注明外均贴浅白色马赛克。

3:所有立面做法均同。

结果如图 7-24 所示。

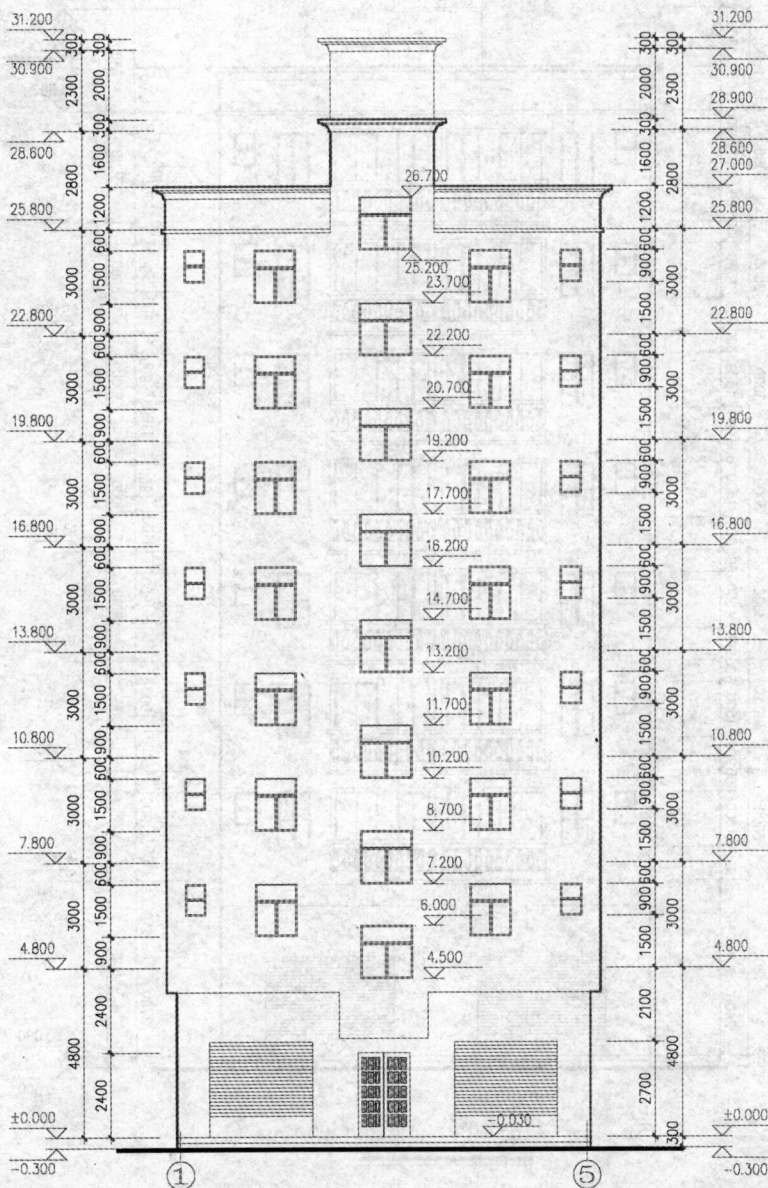

多段线		
颜色	■ ByLayer	
图层	外墙	
线型	——— ByLayer	
全局宽度	70	
闭合	否	

图 7-23 修改"多段线"的全局宽度

①—⑤ 立面图 1:100

注:1:立面所有线条均贴米黄色马赛克。
2:立面除注明外均贴浅白色马赛克。
3:所有立面做法均同。

图 7-24 完成立面图

练 习 题

题图 7-1 为某标准住宅楼的⑤~①立面图,请按照绘制①~⑤立面图的类似方法,绘制该图。

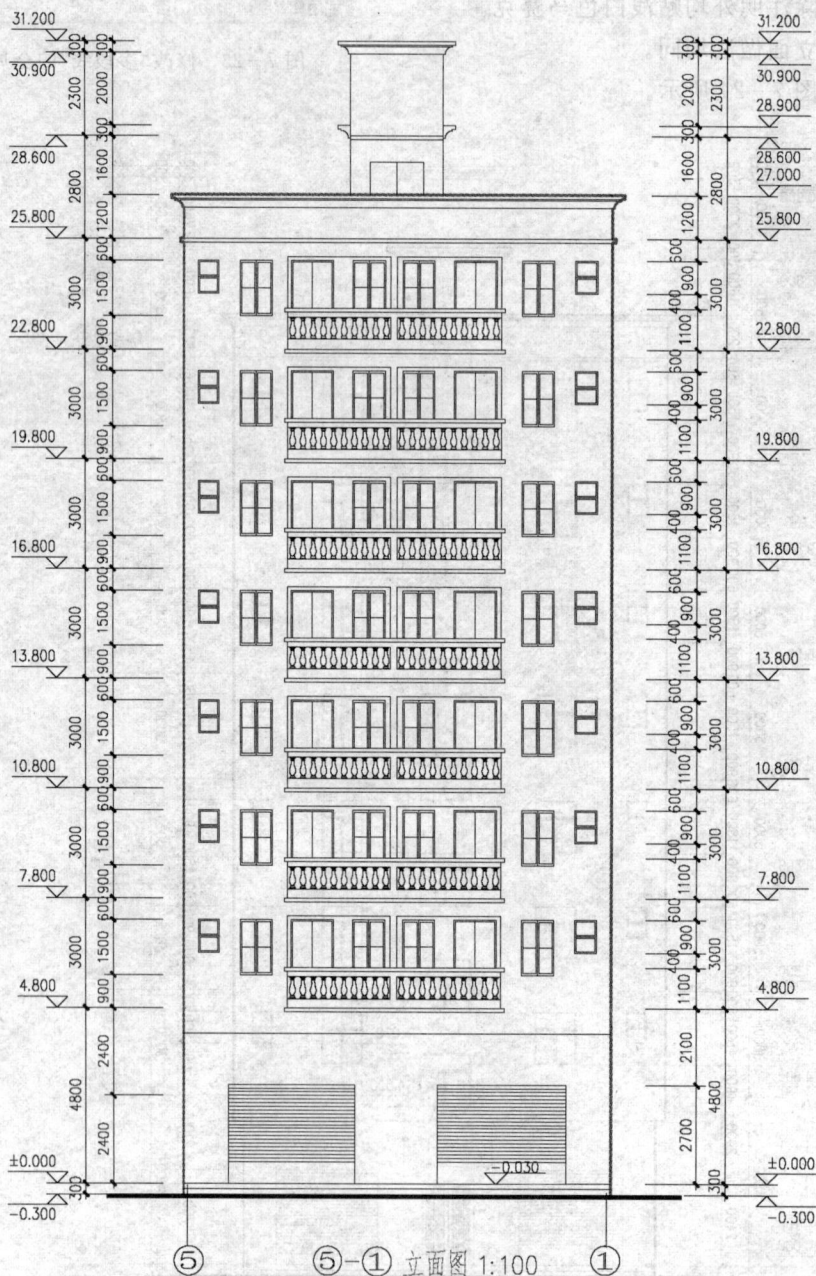

题图 7-1 ⑤~①立面图

附录　常见问题解答

1. 如何将所绘全部图形显示在屏幕上？

有时用滚轮放大或缩小图形后，部分图形不在屏幕之内了，现在把它们"拉"回来：在命令行输入"Z"，确认，输入"A"（命令行输入的字母不区分大小），再看，所绘图形全部显示在屏幕上了。

另外，绘图时强烈建议不用滚轮缩放图形，而是用"窗口缩放"和"缩放上一个"，如附图1所示。

附图1　"窗口缩放"和"缩放上一个"工具

2. 如何取消一条命令的输入？

命令执行过程，如果想终止命令，可按键盘上的"Esc"键。

3. 如何改变绘图区背景颜色？

绘图区的颜色会影响绘图人心情，制作者可以选择自己喜欢的颜色："工具"→"选项"→"显示"→点击窗口元素中的"颜色"按钮，选择自己喜欢的颜色，确认，如附图2所示。

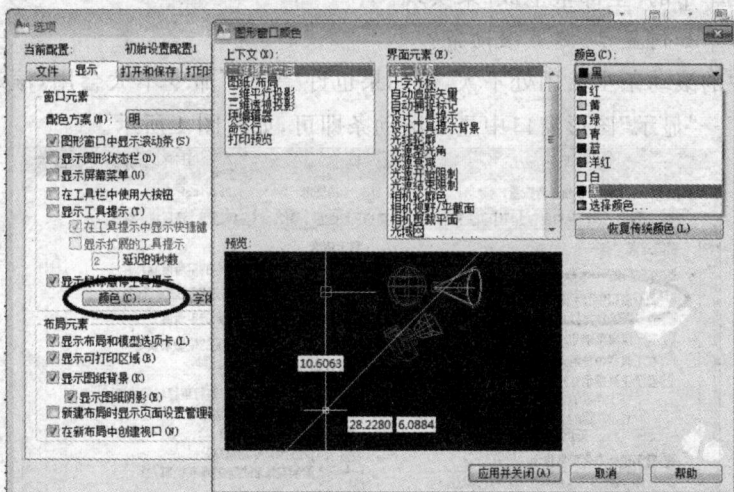

附图2　修改绘图区背景颜色

4. 如何将右键改为确认键？

众所周知，确定键有两个，一个是"回车"键，另一个则是"空格"键，让我们用右键来代替它们吧："工具"→"选项"→"用户系统配置"→"绘图区域中使用快捷菜单"（打上勾）自定义右键单击进去，在默认模式下选中"重复上一个命令"，在命令模式下选中"确认"，如附图3所示。

试下，右键是不是有确定的功效了。希望大家能养成右键确定这个习惯，空格键次之，回车键还是放弃吧。

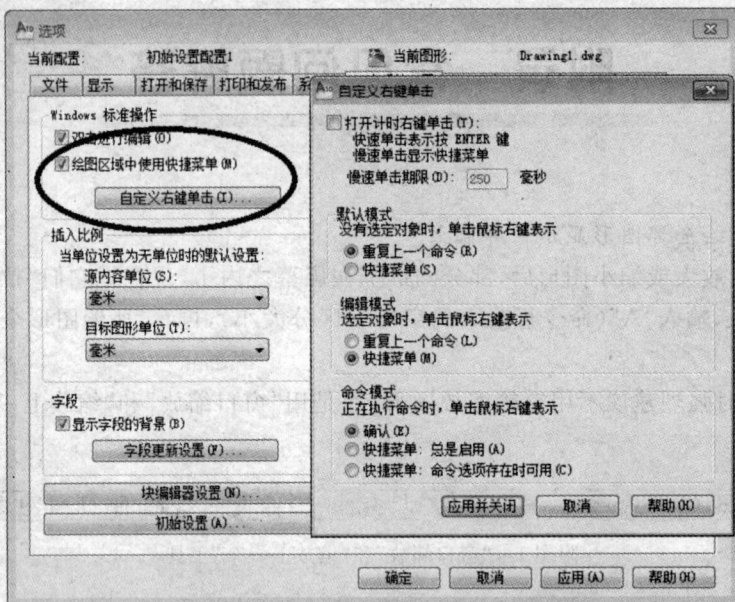

附图 3　改右键为确认键

5.图形里的圆不圆了怎么办?

经常作图的人都会有这样的体会,所画的圆都不圆了,原因就是 CAD 中圆是由很多折线组合而成的。这个问题一个命令搞定它,在命令行输入"RE"即可(RE 大小写均可)。也可通过选择"视图"菜单中的"全部重生成"来实现。

6.图形窗口中如何显示/隐藏滚动条?

图形窗口中的滚动条虽然用处不大,但如果也许"平移"命令不太会用,滚动条就有用了,"工具"→"选项"→"显示"图形窗口中显示滚动条即可,如附图 4 所示。

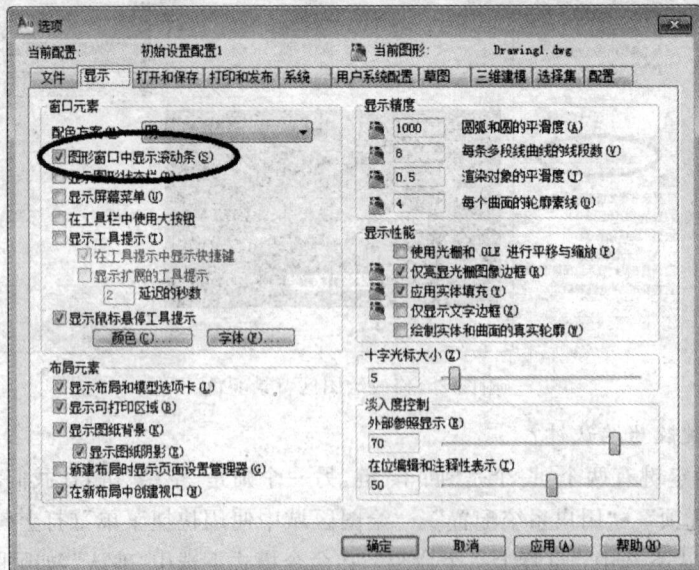

附图 4　图形窗口显示/隐藏滚动条

7. 鼠标放在工具条上不显示提示文字怎么办？

对于初学者,工具提示还是很有用的,"工具"→"选项"→"显示"图形窗口中显示滚动条即可,如附图 5 所示。

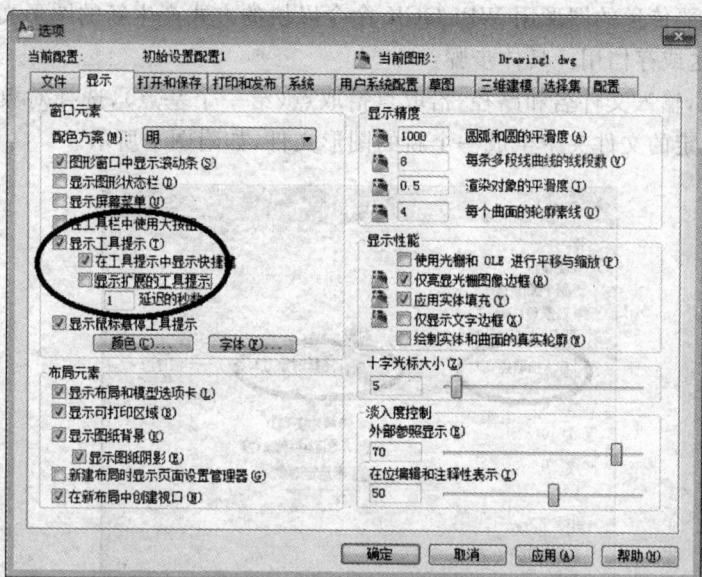

附图 5　显示工具提示

8. 保存怎样的文件格式？

如果你的 AutoCAD 版本比较高,为了别人能用低版本打开你的文件,最好保存成 2000 版本格式,因为 AutoCAD 版本只向下兼容,这样高于 2000 版的版本都可以打开它(并不是每个人都喜欢下载最新版本来更新,除非你不考虑让别人看)。具体操作如附图 6 所示。

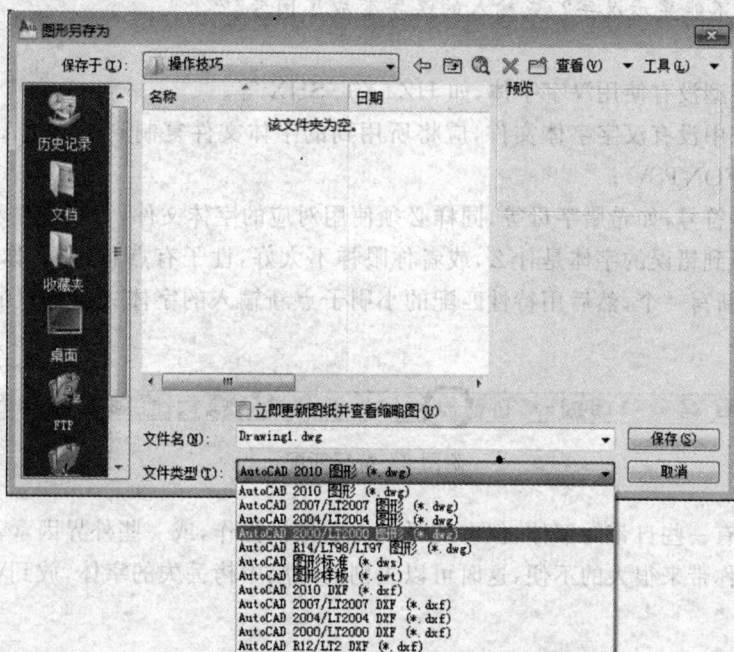

附图 6　保存文件

9. 如何减少文件大小？

方法一：在图形完稿后，执行清理（PURGE）命令，清理掉多余的数据，如无用的块，没有实体的图层，未用的线型、字体、尺寸样式等，可以有效减少文件大小。

方法二：把需要传送的图形用 WBLOCK 命令以块的方式产生新的图形文件，把新生成的图形文件作为传送或存档用。具体步骤：

命令：wblock，输入文件名和路径，拾取点拾取点（给一个基点），选择对象，选择完毕后确定，这样就在你指定的文件夹中生成一个新的图形文件，如附图 7 所示。

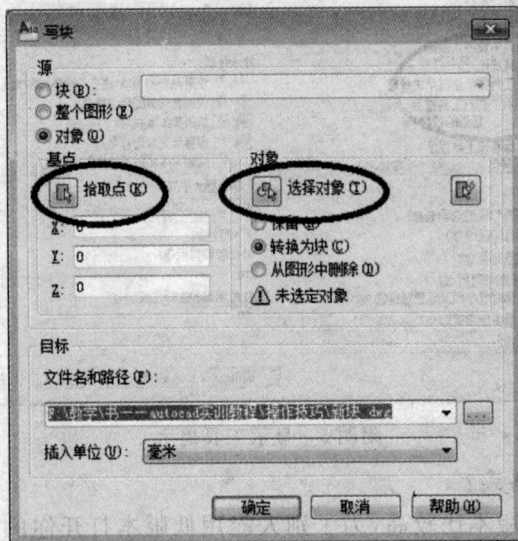

附图 7　缩小文件大小

10. 为什么不能显示汉字？或输入的汉字变成了问号"?"。

原因可能是：

1）对应的字型没有使用汉字字体，如 HZTXT. SHX 等；

2）当前系统中没有汉字字体文件，应将所用到的字体文件复制到 AutoCAD 的字体目录中（一般为...\FONTS\）；

3）对于某些符号，如希腊字母等，同样必须使用对应的字体文件，否则会显示成问号(?)；

4）如果找不到错误的字体是什么，或者你眼神不太好，性子有点急，那么你重新设置正确字体及大小，重新写一个，然后用特性匹配的小刷子点新输入的字体去刷错误的字体即可，如附图 8 所示。

附图 8　特征匹配

注：系统是有一些自带的字体，但有的时候由于错误操作，或一些外界因素，导致汉字字体丢失，这样会给你带来很大的不便，这时可以去别的电脑中拷丢失的字体，放到\FONTS\目录里就可以了。

11. 为什么输入的文字高度无法改变？

当文字样式里使用的字型的高度值不为 0 时，用 DTEXT 命令书写文本时都不提示输入高度，这样写出来的文本高度是不变的，包括使用该字型进行的尺寸标注。为避免此问题，设置文字样式时，文字高度一栏设为 0 即可，如附图 9 所示。

附图 9　文字高度设为 0

12. 为什么有些图形能显示，却打印不出来？

如果图形绘制在 AutoCAD 自动产生的图层（DEFPOINTS、ASHADE 等）上，就会出现能显示却打印不出的情况。解决办法就是避免将图形放在这些层上。如果是自己设置的层上对象不能打印，检查图层中"打印"是否被禁止了，如附图 10 所示。标注层被禁止打印了，只需用鼠标左键点击打印图标即可解除禁止。

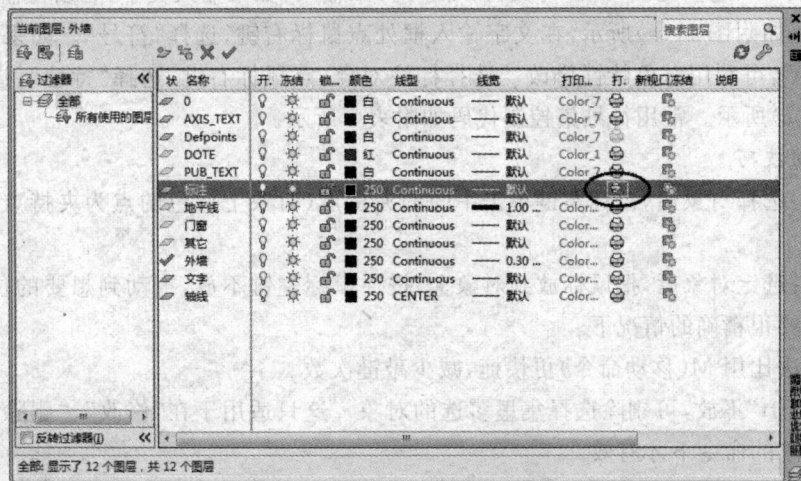

附图 10　解除禁止打印

13. DWG 文件破坏了怎么办?

方法一:打开菜单"文件"→"图形实用程序"→"修复"(或者命令行直接输入 recover),在弹出的"选择文件"对话框中选择要恢复的文件后确认,系统开始执行恢复文件操作。

方法二:如果用"Recover"命令不能修复文件,则可以新建一个图形文件,然后把旧图用图块的形式插入到新图形中,也能解决问题。

14. 如何修改块里的对象?

很多人都以为修改不了块,就将其炸开,然后改完再合并重定义成块,其实有更直接的方法。修改块命令:REFEDIT,按提示操作,修改好后用命令:REFCLOSE,确定保存,图形中所有的块都随之修改。

15. 某些命令失效了怎么办?

当然可以重新装系统来解决。其实还有更快捷的办法。

方法一:在命令行键入 menu 命令,在弹出的"选择菜单文件"对话框中,选择 acad.mnu(2010 版为 acad.cuIx)菜单文件,重新加载菜单。

方法二:在命令行键入 appload 命令,在弹出的"加载/卸载应用程序"对话框中,选择并加载 AutoCAD 目录下的 appload.arx 文件。

方法三:又称暴力破解法,找到 AutoCAD 目录下的 appload.arx 文件,直接用鼠标拖放到 AutoCAD 绘图区。

16. 如何隐藏坐标?

有的时候你会用一些抓图软件或者全屏拷贝捕捉 CAD 的图形界面,但左下角的坐标让你苦恼不已。要隐藏它,只需在命令行输入 UCSICON,将其设置为 OFF 即可。要打开它,只需将其设置为 ON。

17. 特殊符号的输入。

我们知道表示直径的"Φ"、表示公差的"±"、标注角度符号"°",都可以用控制码%%C,%%P,%%D(这里的 C,P,D 可大写,可小写)来输入,如果输入文字,可以在输入框中选择需要的符号,如附图 11(a)所示,在文字输入框处点鼠标右键,选择"符号"。如果标注直径时需要输入"Φ",可利用对象特性修改。选择标注对象,点鼠标右键,选择"特性",进行修改,如附图 11(b)(c)所示。常用符号集控制代码如附表 1 所示。

18. 移动技巧

方法一:选择对象后,鼠标左键单击中间的夹持点(对象上蓝色的点为夹持点),移动到指定位置。

方法二:选定对象后,把鼠标放到对象上,按住鼠标左键不放,拖动到想要的位置,适合对象位置不需要很精确的情况下。

两种方法比用 M(移动命令)更快捷,减少敲键次数。

按住"Shift"不放,可剔除选择集里多选的对象。这只适用于在"修改"、"删除"、"复制"等需要选择对象的命令下才有效。

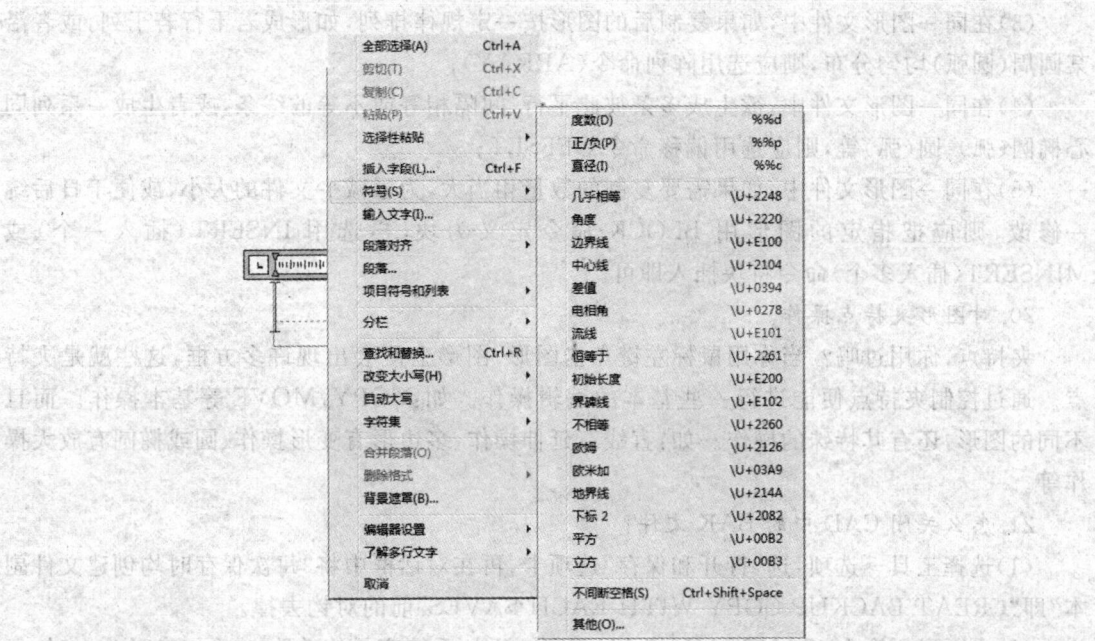

(a)

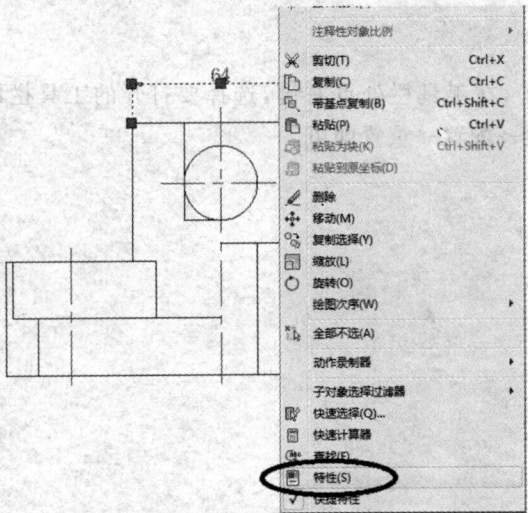

(b)

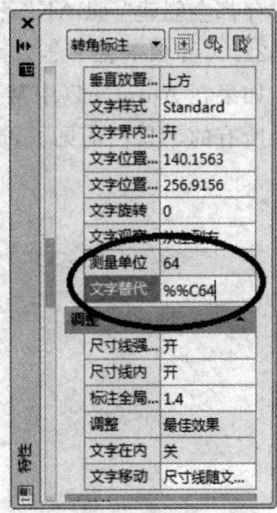

(c)

附图 11 输入特殊符号

附表 1 常用符号及其控制代码

输入符号	上画线	下画线	上下画线	角度符号(°)	直径符号(Φ)	公差符号(±)
控制代码	%%O	%%U	%%O%%U	%%D	%%C	%%P

19.复制图形。

(1)在同一图形文件中,若将图形只复制一次,可用 Ctrl+C 复制,Ctrl+V 粘贴;

(2)在同一图形文件中,将某图形随意复制多次,则应选用 COPY 命令;

(3)在同一图形文件中,如果复制后的图形按一定规律排列,如形成若干行若干列,或者沿某圆周(圆弧)均匀分布,则应选用阵列命令(ARRAY);

(4)在同一图形文件中,欲生成多条彼此平行、间隔相等或不等的线条,或者生成一系列同心椭圆(弧)、圆(弧)等,则应选用偏移命令 OFFSET;

(5)在同一图形文件中,如果需要复制的数量相当大,为了减少文件的大小,或便于日后统一修改,则应把指定的图形用 BLOCK 命令定义为块,再选用 INSERT(插入一个)或 MINSERT(插入多个)命令将块插入即可。

20.对图形夹持点操作。

夹持点,你用过吗?当你用鼠标左键点击图形,图形上便会出现许多方框,这些就是夹持点。通过控制夹持点便能进行一些基本的编辑操作。如:COPY,MOVE 等基本操作。而且不同的图形,还有其特殊的操作。如:直线有延伸操作、多边形有变形操作、圆或椭圆有放大操作等。

21.怎么关闭 CAD 中的 BAK 文件?

(1)选择工具→选项,选"打开和保存"选项卡,再在对话框中将"每次保存时均创建文件副本"即"CREAT BACKUP COPY WITH EACH SAVES"前的对钩去掉。

(2)也可以用命令 ISAVEBAK,将 ISAVEBAK 的系统变量修改为 0,系统变量为 1 时,每次保存都会创建"＊BAK"备份文件。

22.工具栏不见了怎么办?

如果在 AutoCAD 中某个工具栏不见了,在工具栏处点右键,选择要打开的工具栏即可;如果所有的工具栏不见了,选择工具→选项→配置→重置即可。